搞砸無畏

失敗中創造改變的30個處方

Dare to Fail
30 Tips Towards Success

黃國峯・Impact Hub Taipei　著

目次

Part Three 創辦團隊

| 推薦序。司徒達賢 |

有時「少犯錯」比「多得分」更重要

經營企業、競技活動，甚至個人立身處世，彼此間都有許多頗為相似之處，例如在過程中不僅要多「得分」，而且必須盡量少「犯錯」。

在籃球比賽中，進攻和防守都很重要，但一次失誤，通常可以用一次得分來彌補，所以失誤與得分在相對比重上相差有限。然而有些競技活動，例如高爾夫球，少犯錯比努力「得分」重要得多。

一場球賽下來，某人的總桿數高於「標準桿」幾桿，大致代表了他在這次球局中，犯了幾次錯誤。如果你技術好加上運氣，打一個「Birdie」（低於標準桿一桿）已經很不容易，卻只可以使總桿數減少一桿，但是，只要一次失誤（打出界外、打進水池或砂坑）就可能讓你多打很多桿，需要很多「Birdie」才補得回來。因此專心於「不要犯錯」，是打高爾夫球的重要守則。

其實，企業經營也一樣：「少犯錯」比「多得分」重要。多年苦心經營所得到的成就與資源，往往在一次錯誤之後，造成企業元氣大傷，甚至消失殆盡。這也正是為什麼在商場上，「一代拳王」（在短時期內光芒耀眼，但很快就歸於平淡或銷聲匿跡的企業）很多，能持續成長或至少可以持盈保泰的百年企業，非常少見。

對新創企業而言，由於資源有限，生存空間也十分狹窄，若欲存活並維持正常成長，就務必「少犯錯誤」。

關於新創公司成功實例、解釋它們成功原因的文章或書籍很多，這些書籍對創業家及新創事業都有相當程度的啟發與鼓舞。然而對於創業過程中可能犯下哪些錯誤，以及如何避免犯錯，學者們似乎較少深入研究。本書有系統地整理過去幾年台灣新創事業失敗的經驗，並為不同階段的新創企業，提出極為中肯又有實證支持的提醒與建議，對有心創業或在創業初期的企業家，十分有參考價值。

本書作者黃國峯教授在策略管理的教學與研究，都下過極深的功夫，備受推崇。本人與黃教授相識十餘年，深知他學養深厚又不斷追求進步，在行政工作上也充滿了服務的熱忱。這次有幸拜讀他的這本新作，深感受益良多。特以此序言來向讀者推薦。

（本文作者為政治大學企業管理學系名譽講座教授）

| 推薦序。于卓民 |

從他人失敗中學習

「主講人以十張圖片、七分鐘的時間，分享的不是成功而是搞砸的故事，然後談他從搞砸中學到什麼教訓，或是下次重來他會怎麼做。」這就是頗受歡迎的「搞砸之夜」場景。

搞砸或失敗經驗的分享，何以如此重要？

瑞士世界經濟論壇（WEF）發布二〇一九年全球競爭力報告，台灣與德國、美國及瑞士並列四大創新國。然而，觀察創新的構面之一創業，台灣的表現就稍弱。在瑞士洛桑管理學院（IMD）之二〇二〇年世界競爭力報告中，台灣雖排名全球第十一名，但「經營管理」退步二名，主要因早期創業活動排名較為落後所致。

又根據全球創業觀察（GEM）二〇一九／二〇二〇報告，以評估個人創業精神的感知機會（Perceived Opportunities）、感知能力（Perceived Capabilities）及對失敗的恐懼（Fear of Failure Rate）等三項指標而言，台灣均劣於日本和韓國。媒體報導如「新創公司五年內存活率只有一%？」或「新創陣亡率超過九〇%，失敗是創業必修課」等標題，都反映出在台灣成立新事業和維持新創企業存活之挑戰。

成功難以複製，但失敗可以避免。媒體中多數是報導創業成功的故事，看來一切都好像是水到渠成，但創業者都知道，創業過程中的挫折、衝突、打擊、危機及決策錯誤，是經常遇到的事。即使新創企業的產品受到顧客肯定，也可能因員工離職或夥伴衝突等內部問題而黯然停業。

因此，對創業者而言，如能了解其他創業者失敗的經驗（尤其是如何避免或處理問題），此種經驗的分享可能比知道他人如何成功更重要。無怪乎由Impact Hub Taipei主辦、讓創業者以坦然的態度分享自己經驗的「搞砸之夜」，會受到創業圈人士的重視。

由政治大學企業管理學系黃國峯教授與Impact Hub Taipei共同創辦人陳昱築、張士庭所撰寫的這本書，以系統化的方式整理了「搞砸之夜」活動中多位主講人的經驗，真是一本值得有創業意圖的人、正在努力的創業家及已創業有成的企業家一讀的好書。

本書雖以實務整理為主，但導論中提出一套獨特的創業理論。這反映了作者黃國峯教授的理論學養，他依據新創事業成長歷程的「三S架構」（包含存活期、成功期及永續期三個策略階段），然後探討在每個策略階段中，商業項目、創辦人及創辦團隊等三個關鍵因素如何相互配合，才能掌握事業持續發展的契機。

全書提出的處方，就環繞這三個關鍵因素。其中，十二個處方與商業項目有關，創辦人和創辦團隊各有九個處方。

本書內容展現作者出色的資料整理和分析能力，每章的結構相似，都包括概念或理論介紹、相關個案描述、引言、「搞砸了！為什麼……」、「無畏！因為……」等等，使讀者能輕易地了解問題和掌握處方，足見作者的用心。

走筆至此，聽到跨年晚會中伍佰的歌聲唱到——

「提出著我的力量　展開著我的笑容
失敗是普通平常　一枝草一點的露……
衝衝衝　走找著我的心中
最美麗　當初堅持的理想……」

創業的理想或初衷，是讓創業者勇敢面對挑戰的理由，這應是創業者心境的寫照吧！期望在創業者向前衝時，本書有助於顧好商業項目、創辦人及創辦團隊三個關鍵因素，在三者相輔相成下邁向創業成功之路！

（本文作者為政治大學企業管理學系特聘教授）

More Praises 各界推薦

RC文化藝術基金會執行長　王俊凱：

成功者的佈道大會上，總是令人如沐春風，但對每一個創業者來說，失敗也是無法逃避的日常。感佩所有願意參加「搞砸之夜」的追夢者，以及執刀剖析的黃國峯教授，透過失敗案例的分享與理論架構的分析，完成了這本好書。即使書中的處方未必是你我登峰造極的保證，至少讓我們在邁向成功的方位上，找到「悲苦同乾」的伙伴。

財團法人台灣綜合研究院資深研究員　李安妮：

我們從小在課堂上閱讀許多偉人傳記，背誦不少成功語錄，學習無數最佳案例，卻無視失敗者的存在，避談失敗的故事，更不會分享失敗的經驗。沒想到二〇一二年在墨西哥的一群年輕人首次邀請曾經歷過創業失敗者，聚在一起互道搞砸的傷痛之後，竟在全球蔚為風潮。

Impact Hub Taipei 也在二〇一六年開始舉辦搞砸之夜，四年來無畏嚴寒酷熱或清晨夜晚場場客滿。這些在傳統思維裡不足為外人道的「魯蛇」經驗，讓年輕創業者，尤其是青年微創業者，學習更多、收穫更大。

本書收集了三十個常見的迷思，並將它們失敗的關鍵要素依照影響新創事業成功的三大部分：商業項目、創辦人、創辦團隊，分門別類歸納出搞砸點之所在。我認為本書試圖在顛覆「成功有一百個父母，失敗成為孤兒」的諺語，讓讀者都能勇敢面對失敗，讓失敗真正成為成功之母。

財團法人台灣公益組織教育基金會董事　洪健庭：

從打開這本創業神隊友筆記的第一頁開始，我得到了重生。Impact Hub Taipei 團隊長期在台灣默默耕耘，集結了國內外最新創業心得，也許我們都曾失敗過，但看完此書後，充滿驚奇與感動，只能說每一位青年創業魂：The mission is impossible, the bright future is necessary！

行政院政務委員　唐鳳：

這本書中的每位創業家，都經歷過不少挫折和磨難。但就像我最喜歡的詩人 Leonard Cohen 所說：「萬事萬物都有缺口，缺口就是光的入口。」只有勇於分享搞砸的經驗，才能捲動更多的力量，進而帶來改變。

我傳媒（Walker Media）總經理　陳威光：

創業是一個相當挑戰也很浪漫的過程，因為起心動念都是為了改變世界或是一個創新的理念。然而，創業前三年，能度過死亡之谷的新創公司不到五％。我們都知道「失敗為成功之母」，但是很少人知道當失敗來臨時，應該用什麼態度去面對。Rich 及 Oliver（Impact Hub Taipei 創辦人）所舉辦的「搞砸之夜（Fuckup Nights）」，讓創業者可以在一個非常輕鬆的氣氛下，盡情分享搞砸的經驗之外，甚至能以乾杯的方式，慶祝提早碰到失敗；而這正是「失敗為成功之母」精神的最佳展現。

台大創創中心執行長　曾正忠：

多年輔導新創及中大型企業創新創業的心得是：「失敗」是常態，成功不是。通常需藉由強大執行力，在不同階段、多次嘗試錯誤，得到不同的學習及調整，搭配好的時機，才能找到創新創業持續成長的道路。很高興這些「失敗」案例能呈現在創新創業者面前，相較成功案例，創辦人僅會簡單相信是自己做出好產品，「失敗」案例的創辦人會花許多時間找出各方面的原因，讓我們學習更多。（會加上引號是因為其實無所謂失敗，只是還未成功罷了。）

樹冠影響力投資執行長　楊家彥：

我自己很幸運，很早就領悟每段旅程都是歷練，都蘊含生命養分。創新變革之路正要搞砸無畏，才是達成目標的最短距離。

感謝這麼多勇者現身說法！「困難是我們最好的朋友！」「沒有

僥倖的成功才是天佑！」

茶籽堂品牌創辦人　趙文豪：

這些年，耕耘宜蘭朝陽社區「地方創生」經驗，得出了重要的體悟。所有地方創生之所以陷入困境，關鍵都來自於沒有成功將團隊的「想要」與地方的「需要」平衡地結合在一起。如同創業，不管是市場、團隊、商業模式，在不同創業階段，公司的「想要」與市場的「需要」，管理者的「想要」與團隊的「需要」，都必須平衡且優雅地結合在一起。

創業無懼，搞砸無畏。學會看見別人的「需要」，才能得到自己的「想要」，讓我們無懼無畏、大步向前！

綠藤生機共同創辦人暨執行長　鄭涵睿：

查理芒格曾經說過，「我這一輩子只做兩件事情，一件事情是去發現什麼是有效的，然後持續去做。第二件事情是尋找什麼是無效的，然後堅決避免。」謝謝黃國峯教授與Impact Hub Taipei，彙整台灣創業現場的「搞砸」故事，讓我們能從身邊的實例擷取「可以避免的無效事情」。回頭來看，綠藤的創業，就是一連串搞砸與學習的歷程，全書三十個迷思之中，我們曾面對二十三個議題：無論從早期創辦團隊的整合、獨特性成為阻礙，到親力親為的取捨，這本書，都有著令我相見恨晚的觀點與處方。

奧美公關董事總經理　謝馨慧：

搞砸無畏，不曾搞砸則無為。我在奧美協助客戶發展品牌、創造生意，我常好奇，那些自己創業的客戶，是如何從零到一，從無到有？如何找到第一筆資金、訂出可行商模、製作第一個產品、找到第一個客戶、賣出第一個商品？為了親身理解，十年前我開始投入新創產業的導師行列，與新創企業家相互切磋學習，才逐步了解在新創的世界中，困難是日常，失敗像烈日，勇氣如開水，堅持呼吸氧氣，這是他們每日的生活樣貌。每一位現在台面上叫得出名號的創業家，誰沒有搞砸過，從Apple的Steve Jobs、Tesla 的 Elon Musk、Netflix 創辦人Reed Hastings，都有眾所皆知的慘痛跌倒經驗。創業必經失敗洗禮，當我看到 Impact Hub Taipei 兩位年輕創辦人 Rich 和 Oliver 偕同政治大學黃國峯教授出版了這本書，列出失敗中創造改變的三十個處方，開心極了。本書除了有系統地整理了創業過程ＳＯＰ裡的點滴辛酸及學習，更有實戰經驗的無私分享，非常適合校園學子、熱血的年輕朋友、青年創業家及新創圈的夥伴研讀。

財團法人家樂福文教基金會執行長　蘇小真：

失敗與成功似乎是很難分開的兩兄弟，只是市面上大家看到分享的都是成功案例及細節解析，很少分享失敗。我參加過搞砸之夜，我喜歡大家那種拿啤酒慶祝失敗的喜悅。為何能喜悅？因為分享的都是成功之前的失敗。

企業鼓勵創新，花時間討論研究可能的商業模式，但較少和他人解析自己的失敗案例或成功關鍵能否複製。在市場變化快速的時代，沒有標準方法可以確保成功，所以具有解構失敗，與真的從失敗中學習，才能讓大家未來都能搞砸無畏。

Steve Jobs二〇〇五年在Stanford畢業典禮演講說：「You can only connect the dots looking backwards。」然而，一個人的失敗學習有限，期待這本結合學術與實務的跨域之作，可以讓我們回顧失敗的同時擁有更多前進的智慧。

｜自序。黃國峯｜

向搞砸學習，向創業家致敬

從事策略管理學術研究與實務，已近二十年。自從加入政大企管系以來，我跟隨司徒達賢教授學習個案教學與個案撰寫，政大商學院亦曾派我前往美國哈佛大學商學院學習個案教學，我一直希望，能將過去學習心得整理出來。

只是年復一年，一直無法付諸實現，直到認識 Impact Hub Taipei 的共同創辦人陳昱築（Rich Chen）及張士庭（Oliver Chang）兩位優秀年輕人，才讓我有此機會藉由這本書，將過去的研究心得與創業家們分享。

Rich 是于卓民教授擔任總導師的政大EMBA校友會「創業主班」優秀學員，他與夥伴共同經營的 Impact Hub Taipei 是國內相當活躍的團體，從國外引進並定期舉辦的「搞砸之夜」（Fuckup Nights）深受好評。多年來，台灣創業家們在「搞砸之夜」上分享失敗與搞砸經驗，讓許多與會者一生受益無窮。因此，當他向我提議將這些經驗撰寫成個案、以供後進者學習時，我當下二話不說就答應了。

我們都知道，經營事業失敗者眾，尤其是新創事業，失敗機率極高，但實際上願意公開分享自己搞砸經驗的經營者少之又少。也因此，我過去所撰寫的個案中絕大多數是成功企業，平常課堂上採用的哈佛大學商學院企業個案，也大多是成功案例，非常少有失敗案例供我們學習。

十餘年來，我已撰寫超過二十家企業、逾五十個個案。在這本書中，我將過去在策略與組織管理領域的學習心得，整合至新創事業的營運策略與組織管理，將過去企業管理的專業知識，套用到新創事業的經營上，以冀望補足過往鮮少在新創事業中探討策略與組織管理之缺口。希望透過這些個案，能幫助創業家更正確地理解創業與經營。撰寫過程中，也非常感謝出版社與工作夥伴們的協助，讓此書呈現的方式更適合廣大讀者閱讀。

本書有三個主要特色：首先，書中所依據的商業個案，都不是一般媒體上風光的成功事件，而是曾在「搞砸之夜」上分享的失敗、搞砸經驗。我依據創業家們分享時的內容，加上後續訪談，歸納與分析這些新創事業曾經搞砸的事件或失敗故事，供創業家們參考。

其次，書中案例不是一般媒體與商管課堂上大家所熟悉的國際大企業，而是在台灣創立與經營的事業。他們的規模可能相對較小，創立時間也較短，但他們所處的環境、所面臨的挑戰、所遭遇的鳥事，我相信台灣的創業者一定不會陌生，無論創業成敗，看到他們分享的搞砸心得，都會心有戚戚焉。

再者，我在書中特別針對「新創事業」，提出一個系統性分析架構，供創業家們思考在創業初期應該關注的策略與組織營運管理，希望能協助大家將新創事業帶向成功大道。我深信，無論是新創事業或老牌企業，不論是創業家或管理者，都可以從書中個案獲取寶貴經驗。

最後，我要向書中所有願意分享搞砸故事的創辦人與創業家們，致上我誠摯的敬意，因為有你們的分享，才能讓讀者從你們過去的失敗或搞砸經驗中學習。

導論｜成功實屬偶然，失敗卻為常態

善用別人的失敗經驗，生命有限，
你無法親自經歷所有錯誤。

愛蓮娜・羅斯福（美國前第一夫人）

這是一本為創業家、經營者所寫的書。

我們知道，每一家新創事業都會經歷三大策略階段：存活期（Survive）、成功期（Succeed）、永續期（Sustain），我稱之新創事業「三S架構」。

今天的新創企業在成為獨角獸、邁向上市上櫃前，在不同的策略階段，都必須仰賴三個關鍵因素的相互配合，才能掌握發展成為獨角獸企業的契機。這三個因素分別是：商業項目、創辦人、創辦團隊／組織。

接下來，我將先分析新創事業三S架構，然後分別介紹商業項目、創辦人、創辦團隊這三個關鍵因素，並說明在每個策略階段中，這三個關鍵要素所扮演的角色。

你新創嗎？這是你未來的三個S！

創業與創投圈常會見到第36頁的新創事業三S階段圖，橫軸為時間，縱軸為獲利狀況，通常用來分析創業家在不同時間點上，所可能籌資的來源。我們可以透過這張圖，來認識成功新創事業必經的三個階段。

首先，是存活期，也就是創業家發想新創事業、剛開始募資的階段。這個階段的募資，我們稱為「種子輪」（Seed Round）。接下來，當新創企業有了產品原型（Prototype）與初步商業模式、開始累積基本客戶，這個階段的募資稱為「天使輪」（Angel Round）。

一般來說，新創企業在「種子輪」與「天使輪」階段時，尚在虧損中，因此主要募資來源是天使投資人（Angels）與所謂的三F——家人（Family）、朋友（Friends）與傻瓜（Fools）。我們常戲稱這些投資者為「佛系股東」，他們願意支持新創事業，很少過問新創事業發展方向與進度。

近年來，天使投資的發展愈來愈成熟，除了過去較常見的「個人天使」之外，也出現了機構化的「天使投資基金」（Angel Fund）。此外，還有所謂的「種子基金」（Seed Fund），為草創期的新創事業提供資金與資源，這種基金就像個人天使一樣，也不太過問新創事業發展方向與進度。另外，還有一些創投基金（VC），也會介入早

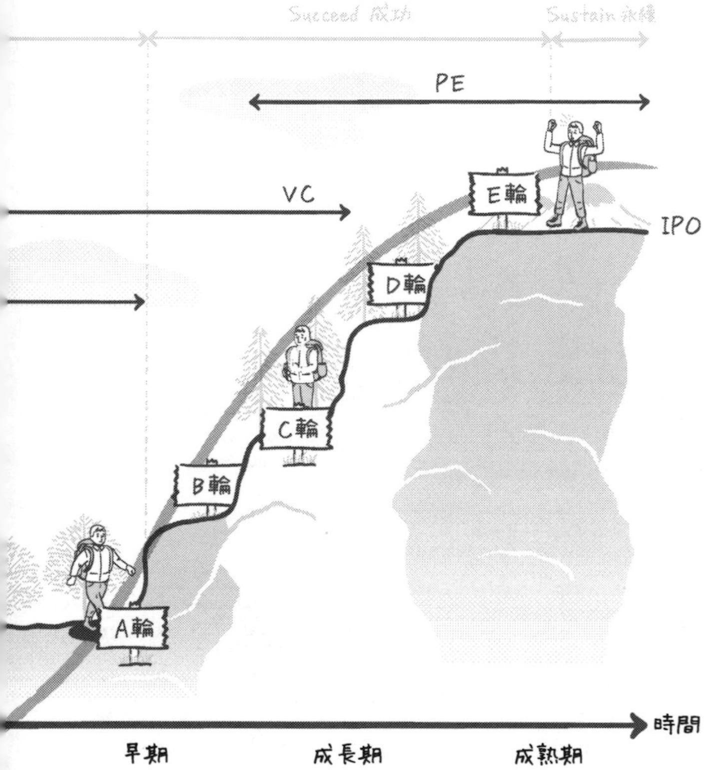

C輪

此時通常已是行業內前幾大公司，本輪募資除了拓展新業務外，也正在為上市做準備。

D輪

準備上市

E輪

準備上市

一般公司的上市程序

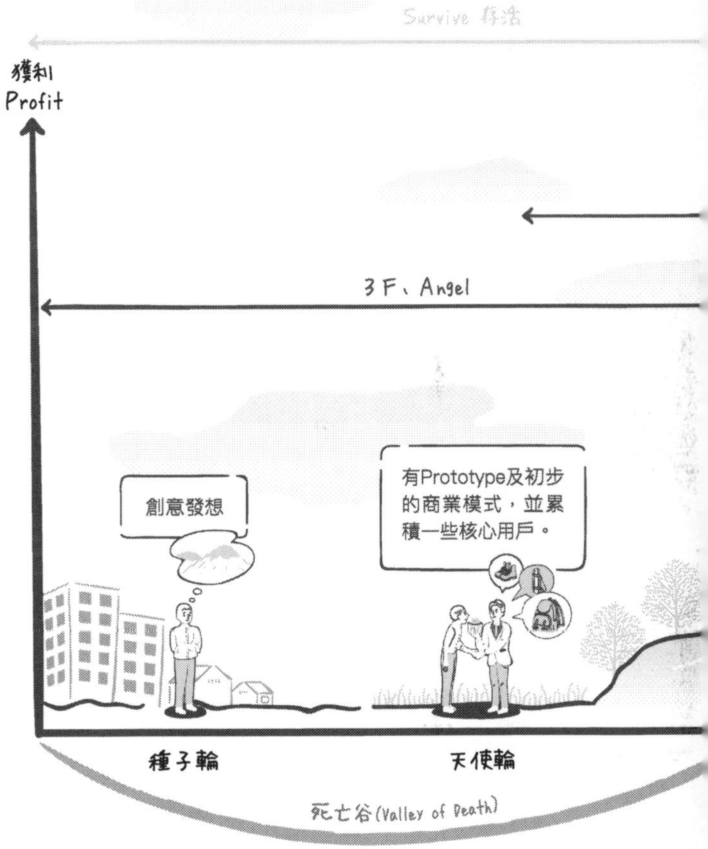

A輪
產品有了成熟模樣，開始正常運作一段時間，在行業內擁有一定地位和口碑，並有完整的商業及盈利模式。

B輪
開始複製商業模式，加快規模化的腳步，同時推出新業務、拓展新領域。

新創事業三S階段

期天使輪之投資。

總之，在「種子輪」與「天使輪」的資金提供者，一般都是對創業者的想法與理念高度支持，所以就算是面臨極高的失敗風險，他們仍願意支持新創事業。

當產品開始成熟，公司穩定運作一段時間之後，新創事業開始擺脫存活期，進入成功期。

這些在行業內有一定的口碑與地位、有完整商業模式與獲利模式的新創企業，會在這個階段進行「A輪募資」，有時還會有「Pre-A輪募資」。緊接著，當企業複製商業模式，加快規模化速度，並有新業務與新領域，此時募資則稱為「B輪」。若企業持續成長，成為行業內前幾大公司、持續拓展新業務，並開始為上市上櫃做準備，此時募資稱為「C輪」。

視這家企業上市上櫃準備狀況，接下來可能會有「D輪」與「E

輪」募資，最後達成ＩＰＯ（Initial Public Offerings，初次公開發行）目的，並邁向第三個階段——永續期。

一般而言，創投基金（ＶＣ）會從「Ａ輪」開始參與新創事業募資計畫，也有少數早在「天使輪」就參與。基本上，愈接近ＩＰＯ階段，ＶＣ相對認購股份的價位會愈高，但他們對新創事業要求也會愈多，例如要公司必須達成特定的業績與獲利等目標。即將ＩＰＯ時，有些大型私募基金＊（Private Equity Fund，簡稱 **PE Fund**）也會加入募資的行列。由於新創事業早期的獲利狀況與發展潛力不明，ＶＣ與 **PE Fund** 一般而言不太願意冒著高風險投資。而且，由於這些基金所投資的金額比較大，若新創事業太早讓他們介入，創業者釋出股權比

＊私募基金（Private Equity Fund）指一種投資者私下（非公開）募集的投資基金，基本上有下列幾種方式：一種是基於簽訂委託投資契約的「契約型集合私募基金」，另外一種是基於共同出資入股成立股份有限公司的「公司型集合私募基金」。

例會過高，因此通常不會讓這些機構型基金太早入股。

你要安於現狀，還是更上層樓？

新創事業剛開始規模還很小時，追求存活是唯一的策略目標。若能熬過商業模式與市場摸索期，證明市場確實有需求，企業也有了穩定的獲利模式，則代表該新創事業可望存活下來。若這家新創事業的下一步不想大規模成長，其實只要事業本身可以繼續賺錢，有些創業家也樂於維持現狀。

這沒什麼不好，當創業家安於現狀，事業雖然不會大幅成長，日子倒是照樣可以過得不錯，例如台灣各地夜市裡有些經營數十年的知名攤販，不但以一個攤位養家活口，甚至還可以賺足夠多的錢買幾幢房子，就是一種創業家的選擇。我熟識的一位創業家——台灣第一家鹹酥雞洪老闆，就是這種創業家，他在台北大直經營一家鹹酥雞聞名，很多人有意找他合作，但他覺得經營本店就已經夠他忙了，因此至今無意快速展店。

然而，並不是所有創業家都像洪老闆。當一家新創事業度過存活期，有些創業家會希望更上層樓，期待將來的事業規模進一步成長。這時候，創業家必須認真思考一件事：該事業是否具備「規模化成長」（Scale-up Growth）的條件。

這裡所說的規模化成長，不單單是擴大市場規模而已，而是同時要評估自己事業的供應鏈與組織架構，是否能有效支持規模化之後的事業體？還有，在規模化後，是否能享有規模經濟*的效益、創造更

*規模經濟（Economy of Scale）是指隨著產量增加、單位成本下降的效益，主要是來自分攤固定成本量增加，單位成本下降。

大的獲利？具備以上條件，事業才可能出現規模化成長。否則，有些事業在擴大營業之後，獲利反而下降，這樣的規模化只是賺取營收增長，不算真正的成功。

此外，規模化成長也需要外部利害關係人（例如供應商、客戶、支援活動業者等）的配合。

當一家新創事業能順利「規模化成長」、大幅增加獲利，代表著順利度過成功期，並且符合上市上櫃要件，就看要不要走上這條路了。

看到辛苦所創的事業符合上市上櫃的條件，創業者會覺得自己人生達到某種高峰。的確，能走到這個階段的企業，都算是成功典範。不過，接下來若要像許多大型企業那樣保持穩健成長，那麼下一步就要面對「永續期」的挑戰了。

畢竟，當事業發展到某個時間點，市場進入飽和期，企業再倚靠本業成長的機會相對有限，此時必須啟動第二條成長曲線、進行多角化或轉型，才可望持續維持企業成長動能。而一旦轉型，企業在組織上將因為新事業的加入，組織架構也會跟著調整與變革。在永續期，企業不再是單一事業單位，而是會漸漸發展成為集團企業，創業者也必須有不同的經營思維，要知道在不同階段採取不同策略，才能讓事業永續經營下去。

影響新創事業成功之「情」「理」「法」

那麼，創業者在上述三個不同階段中，需要掌握哪些重點呢？

從我過去的研究與經驗來看，主要分為三個部分：商業項目、創辦人、創辦團隊（請參考上頁圖）。

你看到的是真商機還是假商機？

這裡所謂的商業項目，是指創業發想與創意發想的項目，可以是產品、服務，也可以是某種創新的商業模式。基本上與策略有關，涉及到「機會判斷」與「資源能力」。

對任何一位創業家來說，「機會判斷」包含了「商業項目是否有市場需求」、「競爭狀況為何」、「供應鏈與相關支援產業等生態系統是否到位」等外部條件前提；「資源能力」則是包括企業或創辦人「是否具有獨特的、有價值的、不可被模仿的、不可被替代的資源與知能」等內部條件前提，創業家必須思考，自己所具備的資源與知能，是否足以實現商業機會？

分析一個商業項目的合理與否，能協助創業家們判斷該事業是否可以成功。而要分析商業項目，就必須務實地透過事實證據、以理服人，所以我稱之為影響新創事業成功之「理」。

在分析商業項目是否可行時，創業者應驗證前面提到的兩大關鍵「假設前提」，包括：環境（外部）前提與條件（內部）前提。環境前提，指的是客戶需求、供應商與競爭環境；條件前提，則是指公司內部的資源與知能。

舉例來說，如果你想要經營外送餐點服務，你要確認的「環境前提」，包括：是否存在市場需求？生態系統（例如供應鏈、基礎設施、支援性合作夥伴）是否已經健全與完整，足以支援你的產品或服務？產業競爭是否嚴峻？競爭者是否容易進入？

接下來，你應該評估的「條件前提」，包括：為什麼你的公司能做這件事？你的公司擁有哪些競爭資源與優勢？最後，你應該問問自己：倘若這個商機成立，為何你來做會比別人更有機會成功？

除了熱情，創辦人還需要三大能力

其次，創辦人之於新創事業成功之重要性，當然不在話下。國內外過去創業成功的案例，都不斷提醒我們創辦人的重要性。

身為創辦人，除了應具備一般人熟知的興業家精神（Entrepreneurship）之外，創辦人的人格特質與能力，也是影響新創事業成功與否的重要關鍵因素。

過去許多研究發現，成功創業家具備多種特定的人格特質，包括：喜歡發掘商機、高成就動機、行動力強、努力學習、願意承受高風險、追求高報酬、喜歡親力親為等。不過，雖然這些人格特質是從成功的創業家歸納出來的，卻不代表沒有這些特質就不能創業。最主要的原因是：即使創辦人不具備這些特質，但只要創業團隊內有其他成員具備這些特質，一樣有機會可以創業成功。

大體而言，創辦人應具備下列三大能力：（一）概念化能力（Conceptualize Capability），亦即邏輯思考力、整合能力；（二）人際關係能力（Relationship Capability），包括與供應商、客戶、利害關係人互動往來之能力；（三）技術能力（Technical Capability），包括專業領域的相關知識與技術等。

一家新創事業是否能成功、創業團隊的熱情能否持續下去，創辦人扮演重要角色，由於創辦人通常對於新創事業投入深厚情感，因此我稱之為影響新創事業成功的「情」。

站穩腳步，你需要好團隊

最後，在執行層面上，商業項目是否可以被有效落實，創辦團隊與組織扮演非常關鍵的角色。正所謂「馬上得之，寧可以馬上治之乎？」*一個國家開國建立功業可以透過個人或一群人的努力共同開疆闢土，但一旦建國後，還是要用典章制度來管理國家、治理天下才行。

創業也是如此，新創事業剛成立時，可以透過創辦人與創辦團隊的熱情來開拓市場，然而，當新創事業逐漸站穩腳步後，要持續成長擴大時，組織架構與制度設計就會成為關乎成敗的因素。因此，我稱「創辦團隊與組織」為新創事業成功之「法」——一切規範與法制，都是為了讓企業能持續成長壯大。

創辦團隊與組織涉及的課題，可以分為三大類：（一）合夥成員，包括成員間的互補性與共同創辦人間股權分配；（二）團隊組織，包括水平專業分工與垂直決策分工之設計；（三）規模化，亦即公司各種制度化之建立。在新創事業從存活期邁向成功期的過程中，後兩者尤其關鍵。

一個新創事業要能度過存活期邁入成功期，一定要在前述「情」、「理」、「法」三個圈圈的交集中產生，也就是說，這家新創事業必須同時具備合理的商業項目、全力以赴的創辦人，以及完整的團隊與組織，才有機會成功。反之，只要有任何一個環節沒有搭配好，就很容易搞砸！

＊《漢書．陸賈傳》記載：「高帝罵之曰：『乃公居馬上得之，安事詩書？』」陸賈隨後補了一句：「馬上得之，寧可以馬上治之乎？」

一個搞砸故事，七分鐘，十張投影片

說到「搞砸」，正是本書的出發點。

故事要從二〇一二年說起。當時墨西哥有一群年輕好友經常相約喝啤酒，就像你我的日常聚會，話題總是天南地北，有時風花雪月，有時傾吐心情。有一天他們發現，有一個話題總是會三不五時地冒出，就是——搞砸。有時是搞砸了愛情，有時是搞砸了事業。

於是他們心想，何不找更多人一起來分享自己的搞砸故事呢？畢竟，搞砸又怎樣？人生這條漫漫長路，誰沒有搞砸過？相反地，搞砸、失敗、挫折，事後看來都是人生絕佳導師。或許，經由別人的搞砸故事，還能幫助我們不需重蹈覆轍。

於是，他們在墨西哥發起了第一場活動，邀請曾經創業失敗的好友，一邊喝啤酒、一邊分享自己的搞砸故事。剛開始，有些人對這活動冷眼以對，認為這不過是一群魯蛇（Loser）自我安慰的活動罷了。

沒想到，「搞砸之夜」不但大受歡迎，而且隨後獲得全球其他許多城市群起響應，有些城市甚至每月舉辦各種分享失敗故事並搭配啤酒的活動。

Impact Hub Taipei 於二〇一五年十二月獲得授權，正式將搞砸之夜引入台灣，於二〇一六年二月開始舉辦每月的聚會。

每一場搞砸之夜活動，會邀請不同的講者——有時是藝術家、建築師，有時是創業家、經營者——以十張圖片、七分鐘的時間，分享他們的故事——他們是如何搞砸的？他們從搞砸中學到什麼教訓？下次重來，他們會怎麼做？講者分享完後，通常會有問答互動，以及與會者小酌交流的時間。

目前全球已經有超過一百五十個城市，響應「搞砸之夜」活動。與會者樂觀地相信：「成功實屬偶然，失敗卻為常態」。他們鼓勵大家，不要害怕「失敗」二字，失敗是每個人前往成功之路必經的歷程，應以正面角度向大眾傳達這個想法。

許多參與搞砸之夜的主講者也的確身體力行，他們沒有被曾經的失敗擊倒，而是從中吸取寶貴的經驗，繼續勇敢（也更強大）地邁向人生成功的下一步。

截至本書出版，共有上百位創業家、經營者等各界精英，曾經在台北「搞砸之夜」上大方分享自己的搞砸故事。許多創業家所分享的經驗，非常值得我們借鏡。

雖然限於篇幅，我們無法將這些故事一一收錄於這本書中，但我們嘗試梳理這些故事，並從故事中歸納出創業家常犯的共同錯誤，導致了失敗的結果，供創業者、經營者一起來思考。

接下來，我將從商業項目、創辦人、創辦團隊三個面向，從這些搞砸經驗中整理了三十個創業圈中常被琅琅上口，但未必正確的觀念與迷思，希望能讓創業家們從前人的寶貴經驗中，提醒自己避開陷阱，為自己的事業找到更理想的路徑。

如果你害怕失敗，那你很有可能會失敗。

柯比・布萊恩（已故美國職業籃球運動員）

「失敗」比「成功」更具有啟發性。

喬治・克隆尼（美國知名演員）

1 商業項目

對於未來，每一個新創企業都有無窮想像。大家都希望打造出成功的產品，推出大受歡迎的服務，擁有令人羨慕的商業模式。許多年輕創業者也會相互打氣，經常相聚交流，彼此分享經營心得與心情。

然而，根據我與許多新創團隊接觸的經驗，我發現很多創業家對於產品、服務與商業模式的想像，有著許多不切實際的迷思。

這些迷思有時候來自對商管理論的誤解，有時候來自創業圈之間的以訛傳訛。從多位在「搞砸之夜」上分享慘痛經驗的創業家身上，我們也可以看見這些迷思如果不破除，很可能會因此付出慘痛代價。

在這個單元中，我們整理了十二個與商業項目（也就是產品、服務與商業模式）有關，創業家們耳熟能詳，卻未必正確理解的迷思，並提出處方，供正在創業或經營事業的你參考。

這十二個處方分別是——

一、關於市場需求

處方：「市場需求分析結果」，不等於你的「產品銷售量」。

二、關於人流量

處方：流量很重要，但「能賺錢的流量」才是生存之鑰。

三、關於夢想和熱情

處方：賺錢，靠的是有獲利模式的夢想和熱情。

四、關於MVP

處方：有MVP只算成功一半，「能規模化的MVP」才能大成功。

五、關於獨特性

處方：獨特性是優勢，但也可能是劣勢。

六、關於先占優勢

處方：先占優勢的前提是產品要卓越、口袋要夠深。

七、關於平台策略

處方：平台很迷人，但要弄清楚用戶的真正需求。

八、關於複製成功

處方：聽起來可行，可惜複製成功沒那麼容易。

九、關於財務報表

處方：數字交給會計看就好？你麻煩大了。

十、關於貴人

處方：遇到貴人不是你運氣好，是「計畫」出來的。

十一、關於商業計畫書

處方：計畫不是死的，要一邊實踐一邊修正。

十二、關於B to B或B to C

處方：B to B或B to C都好，但要量力而為。

I 市場需求

「市場需求分析結果」，不等於你的「產品銷售量」

產品力是競爭力的基石。你的產品力不夠，
就無法與其他對手競爭，也無法將需求轉換成銷量。

對於即將投入的產品或服務——也就是我所說的「商業項目」——新創團隊通常會費心進行市場調查，評估「市場整體需求量」，然後以市占率來估算自己公司可以有多少預期銷售量。雖然很多新創團隊也會傾向採取較保守的估計，但即使如此，往往所估計出來的數字，也和最後所達成的實際銷售量差距非常遙遠。

多年來，我看過許多類似的個案。例如，有一年我在中國大陸中歐管理學院的參訪過程中，有一家當時正在A輪募資中的創業團隊，從事小朋友生日派對服務。我還記得他們在簡報中這樣說：

「在上海市，五至十四歲人口數約一百一十萬人，若我們保守估計，能有一％的市占率，就有一萬一千人次的生意。

假設每次參加派對人數約三十人，每人收費二百元人民幣，每次就有六千元人民幣的收入，一年就有六千六百萬元人民幣的營收。

若在全中國二十個一、二級城市擴點，一年將有十三億兩千萬元人民幣的收入。

所以，募資五千萬人民幣，應該是很合理的。」

搞砸了！因為……

- ✓ 錯估市場需求
- ✓ 將市場需求數據自動換算成自己企業的潛在營收
- ✓ 高估團隊能力

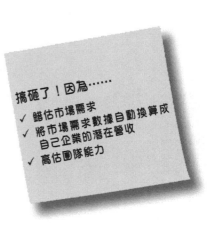

乍聽之下，這樣的估計似乎合理。但稍為分析，就不難發現前述這些數字的破綻。

首先，姑且不討論「市占率一％」是否合理，若一年要辦一萬一千場的生日派對，意味著每天要舉辦三十場次。若每一場要花一個小時，相當於一天要花三十個小時。就算公司有三個團隊同時值班，每一個團隊每天也要辦理高達十場派對活動。這對於一個只有二十餘人的新創公司而言，是非常高難度的挑戰。

進一步看，「市占率一％」的估算前提也值得商榷。畢竟，並不是所有小孩生日都會辦派對，何況一場要花六千多元人民幣的生日派對，也不是所有家庭都負擔得起的費用，恐怕平日還得常常舉辦折扣促銷才行。

總之，他們高估了市場需求、高估了自己。

要知道：市場需求分析，不等於產品銷售量。市場需求分析的目的，是讓團隊知道自己產品未來市場的潛力。若市場沒潛力，就要另覓其他市場發展；但，就算是有潛力的市場，也不代表這些需求全都是你的，要看你的產品力與團隊執行力。

例如，曾經創辦「先拍再吃」App的巫宗融，就曾經在「搞砸之夜」分享二〇一一年與夥伴們共同創業的一段經驗。「先拍再吃」是一款拍攝食物的App，也是巫宗融與創業夥伴最早投入的商業項目之一。巫宗融認為，當時社群媒體剛起步，很多人吃飯前會先為食物拍照，所以市場應該會有龐大需求。

的確，剛開始「先拍再吃」表現不錯，還上了iOS下載App不分類排行的第二名。但是，儘管看起來很受歡迎，使用者付費的意願卻很低，以至於「先拍再吃」最後因為入不敷出而宣告結束營業。

事後反省，如今已經與夥伴另創「早餐吃麥片」的巫宗融發現：「和當時比較紅的拍照App——例如Instagram——比起來，「先拍再吃」根本毫無競爭優勢——社群沒有人家完整、用戶沒有人家多、濾鏡沒有人家好，完全沒有優勢可言。」

除了產品力之外，另一個創業團隊常容易搞砸的是：團隊執行力。所謂執行力，簡單講就是「要量力而為」。或許，市場是有潛力的，產品是有競爭力的，但倘若你的團隊資源與執行力尚未到位，就算有市場需求也無法轉換成銷售量。

例如，喧騰一時的「嘖嘖杯」事件，就是一個非常典型的案例。有一度台灣風行手搖飲料，標榜可重複使用、環保、充滿設計感外型、甚至可以折疊的「嘖嘖杯」一推出，就備受好評，在網路群眾募資（Crowdfunding）兩個月內，就獲得超過萬人的熱烈支持，募得超過千萬元台幣。但沒想到，這項市場需求強烈的新產品，最後因為公司與供應商有糾紛，導致最後搞砸收場。

另外，曾經備受矚目、如今已經結束營業的 KumaWash，也是很經典的例子。KumaWash是一款「到府收件」的洗衣服務，顧客只要把待洗衣物裝到專用洗衣袋中，透過App呼叫KumaWash，就會有專人到府收取衣物，完成清洗之後再送回。在眾多類似服務中，KumaWash是唯一從洗衣、物流到網路介面都一手包辦的垂直整合服務。不過，KumaWash後來發現，一手包辦聽起來好像很厲害，但實際上，從洗衣、燙衣到物流，每一關都面臨原先意想不到的挑戰，根本無法賺錢，最後也是搞砸收攤。

換言之，就算你的產品或服務有市場需求、具市場競爭力，但團隊資源——例如資金、人力、上下游供應商、倉儲運輸或通路等無法安排得當，市場需求也同樣無法轉換成產品銷售量。

無畏！因為……

- ✓ 明白了市場需求分析只能幫助我們判斷是否值得投入，不是銷售保證
- ✓ 明白了成敗關鍵在於：產品有何競爭力？是否容易被模仿？
- ✓ 團隊很重要，要先培養團隊的經驗與實力，才能將市場需求轉換為公司業績

2

人流量

流量很重要，但「能賺錢的流量」才是生存之鑰

沒有營收與獲利的商業模式，
是無法生存與永續經營的。

很多新創事業草創期，都很重視所謂的「人流量導入」，特別是經營「平台」的新創企業。但，從許多搞砸的案例來分析可以發現：沒有營收與獲利的商業模式，是無法生存與永續經營的。

例如，幾年前中國大陸風行一時的共享單車與P2P借貸平台，創始初期，這些業者都大手筆砸下行銷費用，打造知名度，透過免費策略吸引龐大使用者，「先衝量再說」。結果應驗了一句老話——當潮水退了，就可以發現誰沒穿褲子。缺乏健康、能獲利的商業模式，

就算曾經擁有高市占率、高知名度，也無法轉換為營收，最後以失敗收場。

再如總部設於新加坡、二〇一五年在台灣成立分公司的美食與生鮮雜貨外送服務平台「誠實蜜蜂」（Honestbee），初期曾經和 Uber Eats、foodpanda 展開激烈競爭，最風光時在亞洲近二十個城市落腳、員工數一度突破一千四百人。在台灣市場，除了祭出免外送費折扣戰之外，還和家樂福合作推出一小時外送到貨，增加平台代購品項。

搞砸了！因為……

- ✓ 錯把人流當成金流
- ✓ 有人流，但沒有可獲利的商業模式
- ✓ 無法將人流轉換成願意付費的人流

但是，在短短約五年內，誠實蜜蜂因為資金周轉不靈宣告倒閉。該公司台灣區行銷經理黃敬杰在「搞砸之夜」分享這段故事時說：

「我們做了一件最蠢的事情，就是用行銷的力量去擴展虛胖的會員人數。我們花了將近兩百萬元，做了一個三百元折三百元的蠢蛋序號發送，在上線後的二個禮拜，我們創造了六千筆單，吸引將近一萬多個會員，下載數將近八萬次。但是，兩個月之後，我們一天的單數從三、四百單，掉到只剩三、四十單；這等於是把兩百萬元丟到水裡，真是一個非常心酸的過程。」

類似的現象，也可以在連鎖加盟業者的展店策略上看見。我見過很多快速展店的連鎖業者，其實多數的店都尚未獲利。我前往越南考察時，就看到有一些連鎖通路新創業者，不斷強調半年內會開多少家店、營收能翻多少倍、多快就可以募資下一輪資金以供展店；但實際上，他們當時旗下沒有任何一家店達到損益兩平。

從募資的角度來看，我們不難理解這些新創團隊為什麼傾向強調人流量與使用者數量的重要性，畢竟要帶給潛在投資人希望，有更多人流量、更多使用者，才可望募資成功。倘若景氣很好，這樣的策略或許還能說得過去，但若遇到景氣不佳時，營運上就很容易出問題。

就像二〇二〇年的新冠病毒，就讓許多連鎖通路業面臨關閉店面以減少損失的命運。例如，台灣的祥富水產火鍋超市，兩年內快速開了十一家分店，盛況時排隊四小時才能入場，但兩個多月的新冠疫情肆虐後，於二〇二〇年四月中，因資金周轉不靈宣布破產停業。

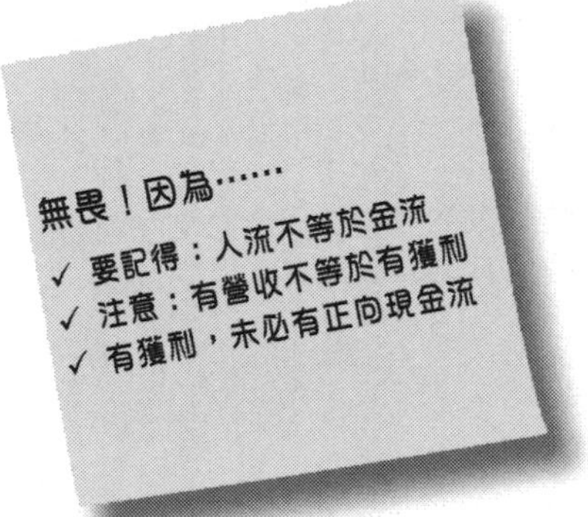
無畏！因為……
✓ 要記得：人流不等於金流
✓ 注意：有營收不等於有獲利
✓ 有獲利，未必有正向現金流

換言之，倘若缺乏長期穩定營收或獲利的商業模式，企業就沒有健康的現金流，一直在燒錢，於是就得一直靠募集新的資金來求生

存，這不是企業經營長治久安之道。因此，新創事業應理解：追求人流量與使用者數量，只是過程，能獲利的商業模式才是努力的目標。

3

夢想和熱情

賺錢，靠的是有獲利模式的夢想和熱情

可以接受草創階段時期沒有賺錢，
但無法接受一直沒有獲利模式的計畫。

很多創業家闡述創業理念與夢想，都讓我印象深刻。尤其許多新創的社會企業，創辦人常為了解決當今社會問題，想出一套可能解決問題的方案，並向夢想勇敢邁進，著實令人敬佩。

不過，創業畢竟還是必須回歸到商業本質：求生存與求成長。沒有獲利，代表沒有正向的現金流，當資金與資源受限，再有夢想的商業計畫也會走向敗亡。

負責任的創業家，應該要創造「有獲利模式的夢想」，否則，如果因為夢想沒有獲利而最後黯然熄燈，對於曾經熱情相信這個夢想、願意追隨創辦人一起奮鬥的團隊、股東而言，也算是一種未盡的社會責任吧！

例如，盲旅創辦人古佳玉，就曾經在「搞砸之夜」分享她的經驗。

「我們搞砸的事情之一，是沒有為我們的創意訂出價格。」她說：「當初我們設想非常周到，所有的盲旅書都是純手工製作，然後我們想要讓每一趟旅行都有神祕的小道具，我們的管家也不只接電話，而是用 Line，還寫好時間表（例如多久傳送一次問候訊息）。我們還有列出ＳＯＰ（標準作業程序），例如每天早上如何去台北車

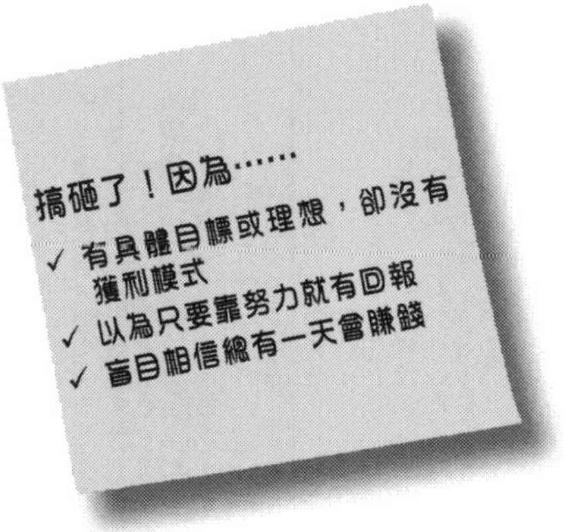

搞砸了！因為……
✓ 有具體目標或理想，卻沒有獲利模式
✓ 以為只要靠努力就有回報
✓ 盲目相信總有一天會賺錢

站拉客人、如果旅客說笑話我們就算覺得不好笑也要假裝笑等等。」

「但如果要賺錢，一個遊程兩天一夜售價四千元，我們的毛利率只有二五％，被旅行社抽掉一〇％後，剩下一五％，也就是說賣一套旅程，我們的毛利只有三、四百元，扣除人力成本等費用，就沒錢賺了。」

「於是，我們開始想要省錢，例如原本的手作書變成一張陽春的宣傳摺頁，反正有把資訊放在上面就好了。接著，我們開始想改提供最便宜、但是最有效果的創意，例如我們以前會很強勢創造出一些很驚喜、很出乎意料、很溫暖的方式。

然而，我們現在覺得提供某種廉價的驚喜就好，例如把盲旅包跟化學試紙放在一起，一潑水會發出『啪！』一聲，然後字就出來，大家就覺得好開心，驚喜一次就好了。」

後來，古佳玉發現即使這樣還是沒辦法有獲利，於是進一步控制成本，例如把三頁的內容改成一頁，然後一切文宣不再特別客製，而是改為標準化、減少人力。「我們也不再親自去台北車站，而是讓旅客去 7-ELEVEN 領，道具也取消，盲旅包打開可能就只有一張紙、三張兌換券。當時，我們覺得理所當然，旅客付多少錢，就獲得多少創意。但這一來，消費者也不覺得滿意，最後產品沒有人推薦，也不會再來參加、不會很喜歡我們團隊。」

「我們每天把自己累到人仰馬翻，結果卻白忙一場。」古佳玉事後回憶道。

其實，古佳玉所遭遇的情況，在新創圈很常見。我曾經擔任許多新創企業的顧問與業師，當我看到那種沒有獲利模式的夢想與計畫，都會善意提醒創辦團隊要認真思考獲利模式。就算暫時還沒有，也一定要確保未來會有，我們可以接受草創階段時期沒有賺錢，但無法接受一直沒有獲利模式的計畫。

再舉一個很多人都熟悉的例子：Gogoro。回顧草創初期，台灣要推動電動機車時，機車本身的成本很高，電池充電方式以充電樁為主，不難想像：雖然的確有很多消費者都知道電動機車對地球較好，但要花比一般機車貴一倍以上的電動機車，又無法像加汽油般可隨處充電，銷售量當然無法快速成長。而當使用者數量無法大量增加，也影響到 Gogoro 的規模經濟效益，成本無法下降，獲利受到侵蝕。

無畏！因為……

- ✓ 夢想是驅動創業熱血的良藥，獲利才是事業生存基石
- ✓ 有獲利模式的夢想，才是永續經營的保證
- ✓ 夢想家引領新方向，創業家落實方向的執行

直到後來，因技術上可抽換式電池充電站的運作方式成熟，Gogoro 推出電池抽換的商業模式，才讓使用量開始成長。加上後期

推出 GoShare 共享電動車模式，讓經濟規模效益更加彰顯，才有機會擁有穩定的獲利模式，迎向下一個階段的挑戰。

4

MVP

有MVP只算成功一半，「能規模化的MVP」才能大成功

規模化的限制，來自於資本、技術、組織，以及經營團隊的管理能力。若無法突破這些限制，就算有MVP產品與服務，仍無法大量生產。

在新創企業圈常會聽到一個名詞：MVP，不過在這裡不是指運動比賽中的「最有價值球員（Most Valuable Player，簡稱MVP」），而是「最小／最低可行性產品」（Minimum Viable Product）的簡稱，也就是能以最快速投放到實際市場上，並被市場接受的產品或服務。

當一家新創事業擁有一種成功的ＭＶＰ，也就意味著至少可以有一項產品或服務能贏得市場青睞，這對於新創事業的早期發展而言，有極大助益。因此我們常可在新創圈中看到創業家們提起所謂的ＭＶＰ，就眼睛發亮。

然而，從曾經在「搞砸之夜」上分享的經驗來看，光靠ＭＶＰ並不是成功的保證書。倘若事業接下來要持續成長，還得證明ＭＶＰ產品可以「規模化」才行。

我曾擔任一家經營可溶性環保包材新創團隊的業師，該新創團隊的確擁有一項ＭＶＰ的產品原型，但該產品當時僅在實驗室中生產製造。若要進行規模化的量產，要嘛

搞砸了！因為……

- ✓ 誤以為所有MVP都可以快速複製與規模化
- ✓ 只關心生產製造規模化，卻忽略了供應鏈、組織設計也要具備規模化的條件

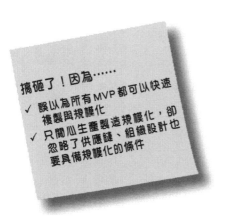

必須委外製造，要嘛得投資買機械設備來生產，無論如何選擇，都需要更多資金投入，而且量產的技術與在實驗室完全不一樣，現有人員編制也必須調整。

開餐廳是另一個更常見的例子。當你開一家店非常成功，不等於你可以用同樣的經營手法開分店，更不等於可以理所當然地開連鎖店。

要知道，一家店的營運與十家分店的營運，是截然不同的兩回事。首先，原物料進貨的數量不同，與供應商談判的條件會不同（價格、交期或付款條件等等）。其次，運輸倉儲也不太一樣，一家店時可以依需求逐次叫貨，但十家分店可能就要先想好倉儲管理來統籌進貨。再者，對有些連鎖餐廳來說，十家分店時可能會有中央廚房的需求，餐點製作與運送方式也會隨著有無中央廚房而有所不同。還有，在人員管理與安排部分，十家分店的人員管理方式與一家店會有所不同，例如十家分店的管理要考慮到排班或獎懲公平性，遠比一家店複雜得多。諸如此類的問題，都是經營一家店時不會面臨到的問題。有些創業者經營一家店時很賺錢，開了連鎖店之後雖然營收增加，最後卻因為上述管理與組織問題無法隨著規模化做最適安排，反而愈來愈不賺錢。

換言之，規模化是很多新創事業是否能跨越生存期的關鍵成功因素。「以立國際」就曾遭遇這樣的困境。

以立國際是一個國際志工平台，想參加國際志工服務的人可透過這個平台到海外擔任志工，以立收取團費，並且包辦機票、食宿、建材、行程規畫等服務。剛開業時，曾經一度營業狀況還不錯，但沒多久之後，當公司擴大營運，問題就出現了。

創辦人陳聖凱事後檢討時就發現，開一家店與開很多家店，需要截然不同的管理方式。只有一家店時，團隊沒有溝通上的問題；但是，當店數增加之後，團隊必須分工——A負責櫃台、B負責產品等等，而他卻疏忽了彼此之間溝通的重要性。

「身為管理者，我的願景和他們有沒有一致？以前我們是同一家店，大家都很熟，想法很容易一致。但是，現在我得跑三家店，不是每天都在同一家店裡，要怎麼讓大家和我有同樣的願景？那時候我們開了八家店，要如何讓八家店的同事都與我有同樣願景？我認為，這

無畏！因為……

- ✓ 明白MVP是在測試產品之市場接受度，而非規模化之最適量產測試
- ✓ 除了生產與製造的規模化，也謹慎評估供應鏈的規模化可行性與規模化下組織運作的效率性

- ✓ 具備規模化的四大條件：資本投入、技術克服、組織運作，以及管理能量

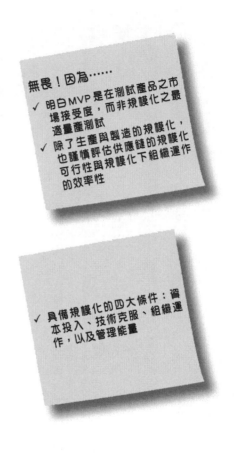

是我們管理能力跟管理能量不足所導致的問題。」

同樣的，KumaWash 擴大營業之後，也有相似的慘痛經驗。共同創辦人林宜儒說：「雖然我們的客戶名單有上萬人，但是，我們成本太高，毛利不夠，邊際成本下不來。」

總之，MVP是被市場接受的產品或服務，但不代表這項產品或服務能被規模化產出。規模化的限制，來自於資本、技術、組織，以及經營團隊的管理能力。若無法突破這些限制，就算有MVP產品與服務，仍無法大量生產。新創團隊要特別提高警覺，就算有MVP產品或服務，也不能高興過早，要及早做規模化的準備。

5

獨特性

獨特性是優勢，但也可能是劣勢

要同時兼具獨特性與一般化特性的運作方式，需具備模組化（Modulization）的能力。

許多創業家常將自己具獨特性的商業模式，視為一種競爭優勢。確實，從策略學中的資源基礎理論（Resource-Based View of the Firm）角度來看，當一家企業擁有有價值的（Valuable）、稀有的（Rare）、難以被模仿的（Inimitable）、難以被替代的（Non-substitutable）資源或能力，這家企業即具備持續性的競爭優勢（Sustainable Competitive Advantage）。獨特的商業模式若是由有價值的、稀有的、難以被模仿的、難以被替代的資源或能力所建構而成，確實是競爭對手難以跨越的競爭優勢。

但要注意的是：如果這個商業模式無法一般化（Generalization），那麼這種商業模式的獨特性，反而會在未來的成長與擴張時，反過來成為限制。

這就像畢卡索的作品，每一張畫作都具備獨特性，作品的售價較高，但需耗費許多時間來完成每一幅作品。若要大量生產，將一幅畫作「一般化」——也就是大量複製——價值就會相對較低。所以，新創事業如何在獨特性與一般化間取得平衡，甚為關鍵。

前面提到的以立國際，就是一個典型的例子。以立國際的主要產

搞砸了！因為……

- ✓ 過度重視獨特性，導致成本偏高
- ✓ 投入容易被對手模仿的產品或服務，陷入價格競爭

品是「志工旅遊行程」，安排團員為期一周到一個月不等的時間，到世界各地不同鄉鎮從事耕田、蓋孤兒院、種樹、陪讀、修繕農舍等義務勞動，同時可與當地居民一起生活與交流。為了打造行程特色，以立國際針對不同地點，設計不一樣的行程。由於以立國際的每一個產品線都有獨特性，個人化特色十分明顯，所以競爭對手難以模仿。

但是，這樣的特色行程，後來反而成為管理上的挑戰。「柬埔寨人跟尼泊爾人的個性一樣嗎？不一樣。峇厘島人的民俗文化、個性，跟在喜馬拉雅山上的文化也不同。」創辦人陳聖凱說：「所以當我要建立標準作業（SOP）時，就會非常複雜，就算把領隊的標準作業訂出來，到了現場時，印度人跟峇厘島人的特性完全不一樣，怎麼辦？我們的賣點就是『特殊性』，但『特殊性』很難管理，怎麼辦？相較之下，一般旅行團簡單多了，不管你是什麼樣的旅客，反正我把你帶到迪士尼樂園門口，給你一張門票，大家玩的項目都大同小異，而且都會同樣感到滿足。」

而且，當你的產品具有獨特性、競爭對手很難模仿，也未必等於你可以高枕無憂，你的競爭對手仍然有破解的方法，例如挖角。因此，如何防止團隊成員的移動性（Mobility）——也就是跳槽，同樣是企業維持競爭優勢之關鍵。

那要如何綁住關鍵人才？最常見的方法，不外乎發股票或是獎金，或是提供高薪資待遇。但我發現，有些企業是用良好作業環境、建立優質的企業文化來留住關鍵人才。例如，網板印刷機大廠東遠精技，該公司董事長陳東欽就曾經分享他的做法，我認為很值得借鏡。

「在大陸設廠，最大的挑戰就是人才訓練好了之後，很容易被競爭對手挖角。」陳東欽說，東遠精技為了防止人才被挖角，採取的方法是將作業環境改善到讓員工不想離職，例如焊接工作很辛苦，於是東遠精技將工作站改為半自動化的工作站，降低焊接人員接觸焊接作業的高溫環境與汙染空氣的機會。這樣一來，就算競爭對手高薪挖角，員工還是傾向留在東遠精技。除非競爭對手也願意投入大量資金進行機械設備與工作站的改善，否則在薪資待遇差別不太大的情況下，多數員工還是願意留在東遠精技。

另外，若能打造一個充滿熱情與魅力的企業文化，同樣能讓人才留下。鮮乳坊共同創辦人林曉灣提到：「鮮乳坊員工平均年齡約二十七歲，大多擁有與鮮乳坊相同使命的價值觀。」由於整個團隊對於維繫台灣乳品安全、保障酪農不被剝削，有著共同的理念，因此更願意一起努力打拚。若你也能打造出一種類似的企業文化與價值，也是留才的重要方式之一。

至於獨特性與一般化間要如何取得平衡，可以參考有些企業所採取的「少量多樣」商業模式，例如中國砂輪。我在進行該公司的個案研究時，發現他們有超過十萬種產品，客戶超過八千多家。中國砂輪能成為台灣最大的砂輪製造廠商，就是憑藉著過人的客製化製造能力與成本優勢。

那麼，為什麼這麼多產品且數量少的情況下，還能做到低成本的優勢？關鍵在於中國砂輪建立一般化的流程與組織管理，讓組織運作效率極大化，間接降低許多管理成本，同時還能強化回應顧客之能力。

無畏！因為……

- ✓ 在獨特性與一般化之間取得平衡
- ✓ 打造「難以被模仿」與「難以被替代」的獨特性
- ✓ 用最理想的方法，避免「具有競爭優勢」的員工跳槽

- ✓ 商品與服務可以有獨特性，流程與組織管理要一般化
- ✓ 模組化是兼具獨特性與一般化特性的運作方式

一般而言，要同時兼具獨特性與一般化特性的運作方式，需具備模組化（Modulization）的能力——也就是在共同作業流程或零組件中採取模組化，同時維持最終產品的獨特性與差異化。TOYOTA的JIT（Just in Time）變線生產能力*與後來Zara的大量差異化*商業模式，就在這一點上有異曲同工之妙。

*可針對末端不同的需求，快速調整生產線之能力。
*同時兼顧大量低成本優勢與差異化之特殊性。

6

先占優勢

先占優勢的前提是產品要卓越、口袋要夠深

想要有效地維持先占優勢，除了要口袋深，
消費者的轉換成本要高，否則先占優勢只是暫時性的。

許多創業家會追求「先占優勢」（First Mover Advantage），但說得容易，實際上非常困難。

當一家新創事業自認提供的是創新型態的產品、服務，或是具有新的商業模式，通常會希望搶在競爭者出現之前，先在市場上站穩一席之地，以擁有較高市占率來確保市場地位，高築進入門檻。這也是為什麼許多新創公司不計代價地大手筆行銷，不是打出特價優惠就是供消費者免費使用，圖的就是希望能在最短期間內，極大化市占率，

大規模占據市場。

從科技擴散理論*（Technology Diffusion Theory）來看，先占優勢的確十分重要，例如大家熟悉的通訊軟體如 WhatsApp、Line、WeChat 等，都是取得先占優勢效益的代表企業。問題是，只要取得先占優勢，就一定高枕無憂了嗎？

搞砸了！因為……

- ✓ 為了衝高市占率，結果燒錢太快，以失敗收場
- ✓ 產品開發尚未完成就用各種行銷方式「教育消費者」，最後因口袋不夠深而後繼無力

當然不是，「早餐吃麥片」共同創辦人巫宗融第一次創業時推出的OURegion，就是一個很典型的例子。「那時候，蘋果剛推出iPhone 3GS與iPhone 4，很多人開始用手機打卡。」巫宗融心想，或許可以用這些打卡資料來與「吃」的商機結合，譬如說，為不同的打卡地點給評價、與好友互相分享地點的資訊和照片等等。「OURegion 中的ＯＵＲ指的就是『我們』，OURegion 是『我們的區域』，我們想做的，是讓使用者看到朋友們最喜歡去、最常打卡的地方，也可以要求朋友給評價，讓我們參考。」

沒想到，巫宗融的團隊一開始就遇到很多問題，例如 Facebook 上的地點資訊非常雜亂，使用者還得填寫很多資料才可以使用，而且給評價的介面也不太好用，總之體驗是很不順的。而且，「當時我們沒有想到的是，如果我的地點資訊全部都來自 Facebook，有一天 Facebook 一定會自己做這件事。」果不其然，後來 Facebook 也提供同

＊科技擴散理論是 Everett M. Rogers 於一九六二年提出，擴散過程由創新、傳播管道、時間和社會系統四個要素構成，包括五個階段：瞭解階段、興趣階段、評估階段、試驗階段和採納階段，而創新的採用者可分為下列五種人：（一）創新者 Innovators、（二）早期採用者 Early Adopters、（三）早期追隨者 Early Majority、（四）晚期追隨者 Late Majority、（五）遲緩者 Laggards。

樣的服務，而且做得很好，讓原本「先占」了市場的 OURegion，失去了競爭優勢。

從上述 OURegion 的例子可以發現：即便有創新的點子、率先進入市場，最後並不一定享有先占優勢。因為，先占優勢除了要比競爭者先進入市場外，更要在短期內達到一定比例的規模，進而取得規模經濟的優勢。而要取得規模經濟優勢，難度非常高，例如必須大量布建通路、打廣告促銷，甚至降價或免費使用，才能吸引更多消費者，這些都要燒錢，需要大筆資金的投入才行。因此，倘若一家新創企業沒有龐大資金支持，要達成「先占優勢」是非常高難度的挑戰。

我發現，許多新創團隊往往有意無意地避諱不談這些困難，尤其在募資階段，這些團隊只談先占優勢的可能性，卻很少著墨於究竟要「燒多少錢」才能維持先占優勢。

何況，就算初期有足夠的資本衝高市占率、保持先占優勢，但是否就能高枕無憂，不再擔心競爭者威脅，仍要看終端消費者轉換成本的高低。例如，台灣電商市場原本早已被 PChome 取得先占優勢，但蝦皮進入台灣市場後，大膽採取免運費政策，很快地就將 PChome 的市占率搶走一大部分。這意味著消費者在不同電商平台的轉換成本不高，因此只要競爭者有足夠資金投入發動補貼價格戰，原先市場的先

無畏！因為……

- ✓ 明白率先進入市場，不等於擁有先占優勢
- ✓ 重視產品卓越性與不可被模仿與替代的商業模式
- ✓ 行銷活動只能助你取得市占率，不等於市場真的喜歡你的產品

- ✓ 擁有足夠資金，是先占優勢的先決條件
- ✓ 提高消費者轉換成本，先占優勢才能持續

占優勢就可能消失。因此，想要有效地維持先占優勢，除了要口袋深，消費者的轉換成本要高，否則先占優勢只能算是暫時性的。

7

平台策略

平台很迷人，但要弄清楚用戶的真正需求

你所經營的平台，是否具有正向網絡外部性效應之族群？

平台使用者是否有高度轉換成本？

臉書、亞馬遜、阿里巴巴等各種「平台」商業模式的成功，使得各種社群平台與電商平台新經濟商業模式，成了二十一世紀的顯學，許多創業家們趨之若鶩，都想打造下一個成功平台，透過平台商業模式來吸引投資。

「我在美國的新創公司待過一年，回台灣後腦袋中除了 Social Media 等大平台以外，其實沒有其他點子被我們看在眼裡。」巫宗融說：「我們當時想的，都是全球市場、很大的點子。當然，這是因為

我們當初沒有經驗，現在我們知道，台灣要打造全球型的大型社交平台（Social Platform）基本上是不可能的事情，因為台灣的人口不夠多。」

中外學者（例如前中歐管理學院陳威如教授*）曾經針對全球平台策略，提出一套系統化的分析架構。基本上，一個成功的平台需具備下列幾個特性：

（一）需具正向同邊網絡效應（Network Effect）或正向網絡外部性效應（Positive Network Externality Effect）。

（二）需具單邊或雙邊跨邊網絡效應。

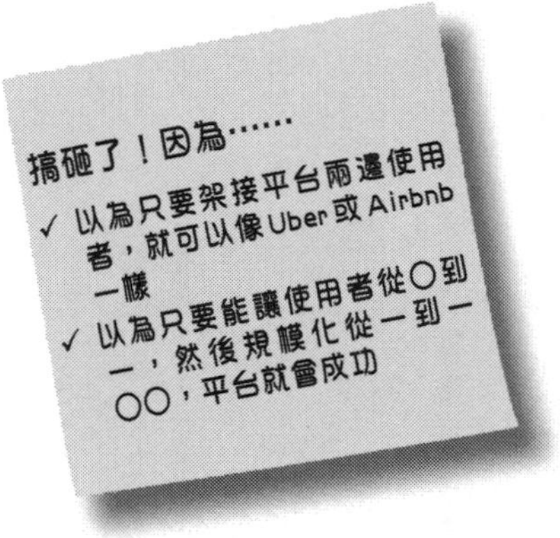

搞砸了！因為……
✓ 以為只要架接平台兩邊使用者，就可以像Uber或Airbnb一樣
✓ 以為只要能讓使用者從〇到一，然後規模化從一到一〇〇，平台就會成功

（三）使用者有高轉換成本。

若一個平台同時具備以上這些特性，比較能擁有持續性的競爭優勢。

第一，所謂正向網絡外部性效應，其實在我們日常生活中非常普遍。例如，我們看看小學階段（約六～十二歲）的孩子，通常這個年紀的小學生會因為在學校看到同學有什麼，回家後會跟家長要求要買什麼。「我也要」，成了正向網絡外部性效應之判斷標準，例如有些孩子對於迪士尼卡通相關商品、怪獸卡等玩具，會有正向網絡外部性效應。若企業能掌握到這種社群，透過正向網絡外部性效應，你不用花錢打廣告，社群成員也會主動幫您帶客人。

＊陳威如、余卓軒撰寫《平台革命》，二〇一三年，商周出版，台北。

再另外舉個例子：夜店。我們知道，有些夜店會選在一個星期中的某一天（通常是生意最清淡的那一天），主打「淑女之夜」，在這一天，女性消費者可以免費享用酒精飲料。這主要是因為消費者前往夜店，通常會結伴而行，本來就存在正向網絡外部性效應，當夜店提供誘因（免費飲料），可以達到更佳效果。

我們所熟悉的許多社群平台（例如臉書），都具有高度的「同邊網絡效應」——因為朋友都在這裡，所以使用者都喜歡使用同一個平台。不只是臉書，Line、Twitter、Instagram 也同樣具備正向網絡外部性效應。還有電信公司的「網內互打免費」，也是一種創造正向網絡外部性效應的常見手法。電信公司透過這個機制，讓原本在同一家電信系統的消費者，因為家人、朋友都在用同一個系統，而不會輕易跳槽到其他系統。

第二，是所謂的「跨邊網絡效應」。跨邊網絡效應主要是在說明平台的兩邊，是否有高度相互吸引力，如果沒有，這個平台很難受到歡迎；如果有，就會吸引更多人來到這個平台。例如，電商平台的買方與賣方、臉書上的好友、Uber的乘客與司機等。這些平台之所以成功，都有一個重要關鍵因素：雙方人數都夠龐大，才會互相吸引平台上來自兩邊的使用者，也就是出現所謂的「跨邊網絡效應」。

我看過許多新創公司的商業計畫書，都特別重視這個效應，但關鍵在於：身為從零開始的新創事業，要如何從零到一，以及從一到多？

最常見的手法是補貼政策，例如蝦皮剛開始進軍台灣電商市場時，補貼買家運費；Uber Eats和foodpanda推出時，補貼買家運送餐點費用。

但，要補貼平台雙邊的哪一邊呢？一般而言，當然是補貼你要「刺激需求」的那一方。例如，過去P2P借貸平台盛行時，當缺少資金時，補貼出借方（吸引更多人願意提供資金）；當資金過剩時，則補貼借款方（吸引更多人來借錢）。

另外，也可以補貼具有正向網絡外部性效應的那一邊。因為這樣可以幫助平台集客，例如前面提到電信運營商的「網內互打免費」，就是補貼具有正向網絡外部性效應之族群。

不論是補貼哪一邊，平台都必須具備一個先決條件——擁有充足的資源或現金流。否則，只要有競爭者同樣發起補貼戰，口袋不深的可能就無法熬過補貼戰。

第三，光靠人數多還不夠，一個平台是否能高枕無憂，還得看使用者轉換成本的高低。所謂轉換成本，是指平台使用者轉換到其他平台的成本，轉換成本愈高，代表使用者愈不願意轉換到其他平台；反之，當轉換成本愈低，使用者愈容易轉換到其他平台。例如，前面提到的 PChome，曾經是台灣電商一哥，不論買家或賣家都是人數最多的；但是，自從蝦皮推出免運費進入台灣市場後，買家或賣家發現轉換成本不高，於是很快地紛紛跳槽到蝦皮，讓蝦皮成功地將使用者從PChome吸引到蝦皮。

那要如何提高使用者的轉換成本呢？在製造業最常見的方法之一，就是在供應商與客戶之間設計「工作任務鑲嵌程度」高的工作流程，這麼一來，任何一方想要脫離往來關係，都會產生較高的轉換成本。例如，有些供應商會設計一套讓自己的服務成為客戶生產作業流程中不可或缺的一環，或者，有些供應商提供客戶使用專屬於供應商的資產，客戶一旦不再使用，就得全數歸還。

至於在服務業，墊高轉換成本最常見的例子，就是實施「會員獎勵制」，例如航空公司的會員里程數累積方案，會員往往會因為下一段航程累積里程數、換取免費機票，而繼續選擇有參加會員的航空公司班機，即使其他航空公司票價更便宜。此外，包括信用卡點數兌換、飯店「住十晚，一晚免費」等都是相同的概念。

這裡有個觀念要澄清一下，有些人會把「高轉換成本」與「高黏著度」這兩個概念交互使用，但其實兩者之間不太相同。「黏著度」是指使用者使用平台的頻率與強度，高黏著度代表這個使用者非常頻繁地使用該平台，但高轉換成本不一定要高黏著度，例如你累績航空公司的里程數，不一定要頻繁地搭飛機。當然，通常高黏著度的客戶，轉換成本也會高，但兩者之間還是不可混為一談。

Airbnb、Uber 的商業模式可行，你呢？

若從上述三個條件來看，已發展到一定規模的社群平台，的確會比其他類型平台更具備持續性的競爭優勢。因為正向網絡外部性效應，讓大家會希望在同一個社群平台，如此才能與朋友互動。

很多創業家看到 Uber 與 Airbnb 成功，於是競相模仿其商業模式，試圖打造一個能媒介雙邊需求的平台——例如幫傭與雇主、健身教練與健身者、看護與慢性病患、醫師與病人等等。乍看之下，似乎是很合理的方向，其實不然。

因為以上所舉的「雙邊」關係本質，與Uber的「司機與乘客」，或是Airbnb的「民宿業者與房客」有著極大不同。舉例來說，當我們要搭乘計程車時，無論是在路上攔車或是線上叫車，車子來了就搭，通常不會在意司機是否同一位，因此每天搭車由不同司機服務，也不會降低乘客使用平台的機會。

但若將相同模式套用在媒介「幫傭與雇主」的平台上，就不是那麼合適了——有多少雇主會每天雇用不同的幫傭來家裡打掃？基於各種因素（例如安全性考量、工作複雜度需求等），雇主通常會傾向雇用同一位幫傭來家裡，除非幫傭做得不好，很少有雇主會一直換幫傭。當雇主傾向雇用同一位幫傭時，就可能會發生「去平台化」現象，也就是當雇主找到合適幫傭之後，就不會再透過平台找幫傭，而是在平台之外，直接與幫傭完成交易。

其他如「健身教練與健身者」、「看護與慢性病患」、「醫師與病人」之間都具有高度信任與工作任務專業需求，當平台成功媒介雙方交易後，雙方就可能私下交易，也不再需要平台——這與 Uber 或

無畏！因為……

- ✓ 平台若能界定具有「正向網絡外部性效應」之族群，則其競爭優勢在於是否能在此族群中取得先占優勢
- ✓ 若無天生正向網絡外部性效應之族群，應輔以後天機制塑造正向網絡外部性效應

- ✓ 跨邊網絡效應的基本概念，是「多吸引多」，故從零到一，以及從一到多的主要方法，是「補貼政策」
- ✓ 補貼平台哪一方取決於供需狀況，通常補貼需求需要提振之一方，或是具有正向網絡外部性效應之一方

- ✓ 轉換成本來自於正向網絡外部性效應、使用習慣、工作任務鑲嵌程度，以及資產專屬。會員激勵制，是墊高轉換成本的常見做法
- ✓ 平台雙邊要低度專屬陷入，才可避免被去中間化
- ✓ 影響跨邊專屬陷入因素包括：關係專屬（信任程度）、任務專屬（工作複雜性、工作習慣），以及資產專屬

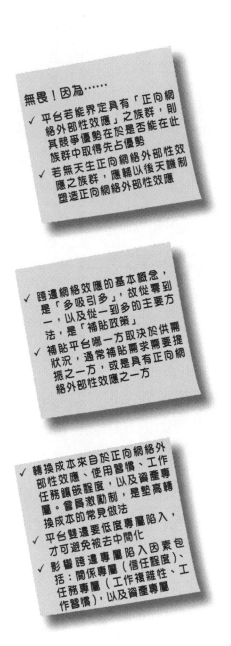

Airbnb的商業模式，有極大的不同。因此，經營平台要注意媒介的雙邊是否有高度「專屬」性質。

簡言之，平台雖然帶給無數人創業夢想，但也因眾多誤解而造成夢想幻滅。回歸到現實面，有心經營平台的創業家，應該要確保所經營的平台，具有正向網絡外部性效應之族群，同時評估是否需要透過補貼政策營造跨邊網絡效應？平台使用者是否有高度轉換成本？平台所媒介的雙邊是否為低度專屬陷入？檢驗這些特性，輔以配套機制，才能讓平台維持競爭優勢。

8

複製成功
聽起來可行，可惜複製成功沒那麼容易

看見成功之「果」，
不等於能正確推論出「因」。

在新創圈中，我們常會聽到許多創業團隊高談「複製成功」——有些是要將別的國家的成功商業模式引入自己國家，有些是將自己國家的成功模式複製到其他國家。

但是，這些號稱要「複製成功」的嘗試，最後大多以失敗收場。例如，Uber 就是最著名的例子，Uber 在美國成功，想在中國大陸複製成功，卻被滴滴打車擊敗；要在東南亞複製成功，最後被 Grab 購併。還有新加坡的 Honestbee，原本也想在台灣複製成功，結果也是

走向失敗。

為什麼創業團隊喜歡複製成功的商業模式？

原因之一，是他們認為若有成功的商業模式可參考，比較容易說服投資人、募集到較多資金。的確有許多投資人相信，既然在別的國家已經有成功的商業模式，相對於要從零開始搞創新，只是複製成功，應該較容易吧？

其實不然，成功是無法被複製的。「當初我們幾個工程師與宅男想要創業，」KumaWash 共同創辦人林宜儒回憶：「想要複製的例子，是 Uber 和 Airbnb。Uber 是全世界最大的車隊，但他們沒有自己的汽車；Airbnb 是全世界最大的

搞砸了！因為……

✓ 以為他國流行的商品，在台灣市場複製同樣會暢銷
✓ 以為光靠模仿別人的成功方法，自己也可以成功

房子出租業，卻不需擁有自己的房子。因此，我們想：何不創一個全世界最大的洗衣平台，而且不必自己開洗衣店？」

「但，我們搞砸了，因為很少洗衣店願意跟我們合作。」林宜儒說：「當時我們要求洗衣店能二十四小時送回，就連洗劑、包裝等都要求洗衣店必須遵照我們的要求。我們自以為在經營品牌，但看在洗衣店業者眼中，我們的要求太多。我們太天真了。」

「我一直認為成功是沒有辦法被複製的，」愛評網共同創辦人葉卉婷說：「就算你給我一樣的時間、一樣的市場，給我一樣的資金、一樣的人才條件，我都不可能變成第二個馬雲，做出第二個阿里巴巴。」

成功之所以難以被複製，主要有下列幾個因素。

首先，歷史無法重演，時空環境背景與條件前提都無法重現。我們可以閱讀偉人或成功企業家傳記，瞭解其成功的關鍵因素，但我們很難成功複製他們的方法，因為當時的時空背景已經與今日不同。

其次，因果關係的模糊性，也是成功難以被複製的重要因素。看見成功之「果」，不等於我們能正確推論出「因」，無法正確推論出「因」，又憑什麼複製？

我們常聽到「逆向工程」（Reverse Engineering）一詞，有些廠商會將競爭者所推出的熱賣產品拆解，試圖透過逆向工程來模仿、複製這項產品。但是，這種嘗試往往很難成功，一來是現在很多產品都受到專利保護，二來則是因為無法理解與正確掌握產品背後的因果關係。

無畏！因為……

- ✓ 學習——而不是模仿或複製——他人的成功方法
- ✓ 理解別人成功背後的歷史因素、完整因果關係，避免過於簡化他人成功因素
- ✓ 與其複製他人成功，不如開創自我成功之路

最後，社會關係複雜性，亦是

成功難以被複製的重要原因。一件商品之所以能研發成功，有時候靠的是社會關係，也就是人與人之間所建立的感情，例如彼此信任的老同學、默契十足的老同事等等。過去，我們常提到的五同關係——「同鄉」、「同宗」、「同學」、「同好」、「同事」——往往是難以被複製的。因此，若別人的成功是建立在社會關係複雜性上，你是不可能複製的。

9

財務報表
數字交給會計看就好？你麻煩大了

掌握營運數字，對創業家而言十分重要，否則常會陷入險境而不自知。

在我過去接觸的新創團隊中，令人驚訝的是，除了募資之外，平日營運時重視數字的創業團隊少之又少，特別是在草創期。

「我們創業前期都不知道要看財報，一直交給會計師處理，直到第三年才開始每個月看公司財報。」鮮乳坊共同創辦人林曉灣說：「我後來才知道，原來這是不對的，我們當時覺得只要銀行存款有增加，應該就是有賺的意思，沒有仔細看花費。」

這主要是因為林曉灣的創業夥伴、當時負責財務的龔建嘉不希望團隊有營運的壓力，不想讓ＫＰＩ（Key Performance Indicators，關鍵績效指標）逼迫大家不擇手段地追業績。「他覺得我們一直做對的事，一定會有好的結果，我們運氣好，當時的營運不錯，所以我們早期都不看數字，心裡也很安心，覺得不看財報沒關係。」後來，當知道重視營運數字的重要性之後，才開始每個月都看財報。

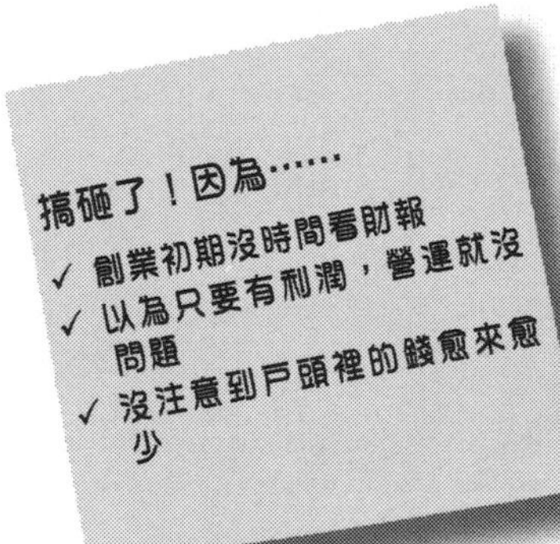
搞砸了！因為……
✓ 創業初期沒時間看財報
✓ 以為只要有利潤，營運就沒問題
✓ 沒注意到戶頭裡的錢愈來愈少

林曉灣並不是特例，我認識很多創業家都有相似的情況。這些不看財報的創業家大致可分為三類。第一類，是從創業以來就非常賺錢，現金收入滾滾而來，創業者也沒有特別去注意數字的變化，只要不發生入不敷出的問題，就不會特別在意資金流的狀態。

這種創業者算是非常幸運的，不重視數字最嚴重的結果，頂多只是少賺，反正現金流一直進來，感覺上好像有賺頭，對於成本的控管與現金的流出較不在意。尤其在經濟或市場順風時，幾乎毫無影響，只是遇上不景氣或市場緊縮時，就會察覺到營運上的警訊。

第二類是因為營運管理太忙，使得創業者無暇顧及數字分析與解讀。這種創業者忽略數字的後果就較為嚴重，也遠比第一類型更危險。對第一類創業者來說，雖然沒有精確掌控成本與現金流，但至少商業模式正確、有利可圖、現金流入沒問題，只是營運效率與效益較不理想而已；但第二類的創業者很可能商業模式本身都有問題，若不重視財務數字、不隨時修正、繼續盲目經營下去，只會讓資金消耗殆盡，面臨失敗風險。

至於第三類型的創業家，則是完全不知道要看數字，或不知道要看什麼數字。令我驚訝的是，這種類型的創業家還不少。

當然，並不是所有創業家都有商管或財金背景，有些創業家有技術專利與知識，但不見得擅長經營管理，對營運數字非常陌生。有些社會企業創業家，懷著解決社會問題的夢想創業，對於經營數字，要嘛完全不關心，要嘛刻意避談，以為既然是關懷社會、不以營利為主，當然就不該太重視營運數字。

這是非常嚴重的誤解，要知道夢想的確是驅動創業行動的重要關鍵，但獲利才是企業持續存在、夢想得以實現的基石。

掌握營運數字，對創業家而言十分重要，否則常會陷入險境而不自知。舉例來說，很多創業家時常混淆兩個完全不同的概念──「現金流」與「賺錢」，單純地以為只要公司有賺錢，公司就不會倒閉。這是非常嚴重的誤解，也常常導致公司明明看起來有賺錢，最後卻周轉不靈而倒閉。

讓我們模擬以下情形：

A公司目前持有現金約五百萬元新台幣。

本月起，該公司從供應商進了一批原物料價格約一千萬元新台幣，經過加工後賣給零售通路商，產生預估營收一千五百萬元新台幣，獲利五百萬元（一千五百萬元扣除一千萬元成本）。

不過，A公司必須在進貨三十天內付款給原物料供應商，但零售通路商卻是售出後九十天才會付款給A公司。

假設A公司預計未來三個月無其他收入，那麼我們可以看到一個最簡單不過的事實：如果無其他籌資管道，A公司雖然能從這筆交易中淨賺五百萬元（一千五百萬元扣除一千萬元成本），但仍會在三十天後，因沒有足夠現金付款給供應商，而導致周轉不靈。

當然，這是高度簡化後的例子，但我相信讀者應該不會陌生。一般而言，製造業者都會面臨供應商會要短的收款期，而客戶會要求較長的付款期，造成公司會有較短期的應付帳款與較長期的應收帳款，因此，公司要有能力嚴格控管現金流，否則就會發生賺錢，但還是倒閉的後果。

例如，鮮乳坊林曉灣就曾經在「搞砸之夜」分享一段經歷。「我們一開始都以為沒有財務的困擾，」她說：「直到有一次發不出薪水，才發現問題很大，我們才知道要管理現金流。」

當然，也有一些產業或商業模式正好相反：收入是現金，但可以在三十天或六十天後才付款給供應商。類似這樣產業或商業模式的公司，短期現金流是正數，公司也比較沒有周轉不靈的壓力。

不過，要注意的是，這種類型的公司反而可能因為現金流是正數，而誤判營運模式。最常見的情況是做了虧錢的生意，只是因先收到錢、後支出，所以誤以為有錢賺，若接著又在誤判的情況下進行擴張與投資，就會讓公司未來陷入現金流不足的風險。

因此，當我們接到一筆訂單時，除了要注意獲利與否外，更得注意應收帳款、應付帳款、現金水位的狀況。下圖中的矩陣分析，可以協助創業家思考：

從下圖中我們得知：只有在現金水位高於應付帳款金額，應收帳款金額大於應付帳款金額，且應收帳款天數小於應付帳款天數時，創業家可以在財務上以相對較低的風險採取積極擴張與成長。

除了現金流，創業者對於「投資回收預估」，也應該更務實。我看過

	應收帳款金額＞應付帳款金額	應收帳款金額＜應付帳款金額
現金水位低於應付帳款金額	應收帳款天數＞應付帳款天數；資金有可能週轉不靈 應收帳款天數＜應付帳款天數；現金水位回升	應收帳款天數＞應付帳款天數；高度資金週轉不靈 應收帳款天數＜應付帳款天數；資金缺口逐步擴大，週轉不靈
現金水位高於應付帳款金額	應收帳款天數＞應付帳款天數；資金水位先減少後大幅增加 應收帳款天數＜應付帳款天數；資金水位增加	應收帳款天數＞應付帳款天數；資金水位先降低後再小幅回升 應收帳款天數＜應付帳款天數；資金水位先小幅增加後降低

很多商業計畫書（Business Plan），都會預估投資「回收期限」——也就是「多久以後能回本」，或另稱之「損益兩平」，希望藉此讓潛在投資者對於未來的財務有信心。

例如，開餐廳或飲料店，我們常可聽到類似以下的回收期限預估：資本額一千二百萬元新台幣，每月預估淨利二十萬元新台幣，預估回收期間為六十個月（一千二百萬÷二十萬），也就是五年。

這樣的預估，看起來沒什麼問題，但可能暗藏玄機。首先，是淨利的計算，是否包含管銷費用與其他費用？倘若不含，那意味著實際淨利是更少的，回收期也會更長。其次，新創事業在初期會著重成長，例如開分店或建新廠房、購置新機械設備等等，換言之，就算有賺錢，也未必會配息給股東，而是用來成長與擴張，這些支出都會讓回收期限延後。

創業家的「機會成本」

談到財務數字，其實還有一個概念對創辦人也很重要，就是機會成本。所謂機會成本，就是指當你選擇A方案時，必須放棄B方案的成本。

其實，有些人在創業之後，每天辛苦工作，但是最終得到的報酬比上班的薪水還少。例如盲旅的創辦人，一個月的收入還不到三萬元，若只是為了賺錢，還不如去其他公司上班領薪水。創業者所放棄的「薪水」，就是創業家所付出的「機會成本」。

例如，KumaWash由於營運成本高，公司根本無法獲利。「我們總部這些寫程式的、做行銷的、營運規畫的，十個人的編制，每個月就要燒掉七、八十萬元。」共同創辦人林宜儒說：「最好不領薪資，公司才會有獲利，但這真的是我們要的嗎？」

「每個人都是犧牲一些東西，才來到這裡的，」學悅科技創辦人羅子為說：「我的機會成本可能是聯發科的高薪工作，或是出國念書。」但是，他當時覺得自己手上有個不錯的產品，「所以我覺得可以放棄那些東西，犧牲個幾年時間。」除了他自己，當時和他一起創業的學弟、學長，都同樣付出了高昂的機會成本。「大家都是看到還不錯的未來，所以願意放棄一些東西吧！」他說。

關於創業家的機會成本，我認為有兩個概念，值得所有創業家放在心上。

首先，如果你發現創業賺的錢，比去上班賺得少，就應該立刻檢討你的商業模式。若商業模式有問題，那就趕緊修正，設法增加利潤，直到讓你的報酬可以增加到高於「機會成本」。但是，如果你發現商業模式已相對完善，無法再透過改進增加獲利，可能代表著你這個新事業，在本質上無法創造更大的獲利，那麼你或許必須認真評估是否要繼續經營這項事業。

其次，是注意短期均衡與長期均衡的差異。幾乎所有創業家在創業初期的機會成本都很高，因為創業不見得會賺錢，而且初期的薪水不一定比上班多。換言之，這就是「短期均衡」無法被滿足。但假以時日，一旦創業成功，甚至順利ＩＰＯ，在財務上的回報可能會非常

無畏！因為……

- ✓ 弄懂「產品售價」減「單位變動成本」為「邊際貢獻」，但還未計算「其他營運管理成本」，包括管理費用、行銷費用、研發費用等。若邊際貢獻扣掉上述管理成本之後仍為正值，才算有獲利

- ✓ 注意現金流。獲利雖是創造現金流重要來源之一，但現金流會受到應收帳款與應付帳款之影響。若應收帳款之收款期限長、金額太高，無法支應短期大量應付帳款，就有可能周轉不靈
- ✓ 將「管理成本」攤平至「單位產品利潤」，才能正確預估獲利

- ✓ 弄懂損益兩平概念能協助理解資源投入的回收狀況，估算固定成本投入的回收或投資金額的回收期
- ✓ 創業的「機會成本」，就是「不創業、受雇於其他公司之待遇」
- ✓ 短期均衡與長期均衡的取捨，是創業家能否堅持創業到最後的關鍵因素

驚人，充分滿足了「長期均衡」。

換言之，創業家基本上幾乎都是以犧牲短期均衡，來換取長期均衡的效益。這點也解釋為何創業家都是高成就動機與風險追求者。因此，就機會成本的概念而言，一個成功的創業家都應有心理準備，以犧牲短期不均衡（短期報酬低於短期機會成本）換取長期均衡（長期報酬大於長期機會成本）的心態來經營事業。若沒有這樣的心理準備，就會像我看過的某些創業家，剛開始積極投入創業，但因為短期不均衡，而造成創業鬥志無法延續，後來乾脆回去上班。當然，這沒有對錯問題，每個人都有權選擇自己要的人生。

10

貴人
遇到貴人不是你運氣好，而是「計畫」出來的

要先有計畫、有策略，
才會需要貴人相助。

說到貴人，很多新創企業都有自己的故事。例如，鮮乳坊的共同創辦人龔建嘉在創業初期透過各種關係，找上一位台農廠長，結果這位廠長聽了鮮乳坊的構想後非常支持，於是開出很合理的價格替鮮乳坊代工，甚至特別為此買新機器、調整生產線和機台。「幸好遇到這個貴人，不然我們那時候真的找不到人代工。」林曉灣在「搞砸之夜」分享時有感而發地說。

多扶接送的創辦人許佐夫也慶幸自己遇上貴人。「旅行社一張牌

照八百萬，我怎麼可能會有八百萬？」他說，當時他為了牌照傷腦筋，貴人——五大租車公司之一的普羅租車老闆——就出現了。「他說：『小老弟，我有一家旅行社，我都沒在用，給你吧！』我說：『我們用交換的。』所以我給他旅行社的股份，他讓我擁有旅行社的牌照。」

搞砸了！因為……

- ✓ 誤以為貴人會隨時從天而降
- ✓ 以為只要運氣好，貴人可以解決一切問題

很多創業家夥伴們在分享成功故事時，大多會提到創業過程中遇到的「貴人」。這些故事往往聽起來帶點神祕色彩，因此很多人總以為遇到貴人是前輩子積了好陰德，或是運氣很好，令人羨慕。

然而，根據我過去參與、研究創業成功與失敗的案例來看，貴人

的出現並不是什麼神奇的好運，而是計畫來的。

首先，從「運氣」這兩個字的定義來看，運氣是屬於機率（或然率）問題，就像擲銅板或抽籤。若遇到貴人是運氣好，那意味著有人等著讓你遇到（抽中籤），然後出手幫助你。然而，這聽起來怎麼都不符合我觀察到的現象。我認識許多成功創業家，我發現他們遇到貴人的次數與頻率，遠比一般人高，為什麼會有這麼多貴人，剛好就在這些成功創業家身旁？這真的是他們運氣特別好嗎？

當然不是，相反的，我認為這些適時出現的所謂貴人，其實是創業家自己「無意識地」安排好、計畫好的。

先說說我自己的故事好了。我接任政大EMBA執行長前，就已經在思索EMBA學程未來十年應何去何從；正式上任之後，身為一位教策略、研究策略的管理學者，當然不免俗地進行了「策略規畫」，審視學校內部的資源、外部環境的競爭威脅與機會，最後形成了一個初步的想法：開辦一個跨國跨校的境外專班。

剛開始，我們計畫要與新加坡國立大學（NUS）或南洋理工大學（NTU），以及日本早稻田大學（WASEDA）一起前往越南開辦專班。不過，政大EMBA雖然曾經和新加坡國立大學合作，卻與南洋理工、早稻田大學未有深入的合作經驗。就在這時，我們的第一位貴人適時出現了。這位貴人，是我當時的一位博士班學生。有一天，我們在討論論文之餘提起這項計畫，正好該博士生曾經在新加坡南洋理工大學念過EMBA，他立刻承諾幫忙邀約新加坡南洋理工大學商學院副院長與我洽談，就是那麼剛好，該副院長當時正計畫訪台。於是，我們就約在台北碰面洽談。

這位副院長是第二位貴人，因為就是那麼剛好，他是負責該校EMBA中文班學程的主管，曾與上海交通大學合作，因此很快地認同這個計畫在越南未來所創造的效益，並承諾回新加坡後會與院方討論這項合作計畫。因為他的積極推動，這個構想後來調整為台新兩國的合作計畫。

根據教育部審查標準，開設境外專班需要當地企業或教育機構同意協同合作。因此，雖然我們已經取得新加坡南洋理工大學商學院支持，但還需要越南當地機構之合作同意合約書。由於申請時程十分急迫，我們需要盡快找到願意配合的越南學校或企業才行。就在這時，第三位貴人出現了。這回，是我的一位碩士論文指導學生，他是一家上市公司越南子公司負責人，知道母校有需要協助，義不容辭地協助我們處理合作協議書。

或許你以為走到這裡，計畫的實現應該水到渠成了，錯，大錯特錯！因為按照學校所規定的流程，還要經過院務會議、校外審查、校發會、校務會議等會議通過才算數，最後才送教育部審查。幸好，我們一路上遇到了第四位、第五位、第六位貴人。第四位貴人是本院資深教授，他不但願意協助擔任此專班召集人，協助校外審查名單的安排，並參與協助課程規畫與設計。第五位貴人是政大商學院院長，國際化跨校合作是院務發展方向之一，因此院長積極協助本案通過院務會議審核，並在校級會議中爭取校方支持。第六位貴人是政大校長，由於當時配合政府「新南向政策」也是校務發展重點之一，因此我們的越南境外專班計畫，獲得校長特別在校發會與校務會議中全力支持，順利完成校內審核流程。

接下來，我們的任務是取得當地教育部的開班許可。因緣際會，我們遇到第七位貴人，也就是政大商學院副院長。因為，當時他正好前往東南亞國家進行研究生招生宣傳，允諾於拜會行程中助我們一臂之力。有一天，我接到副院長越洋電話，告訴我越南胡志明市經濟大學願意與我們ＥＭＢＡ合作共同開設此境外專班。而且，他還帶來一個更好的消息——越南有三所高等學校開班不用經越南教育部審批，胡志明市經濟大學正好是其中一所！」

當然，我這段微不足道的經歷，無法跟創業家在經營上所面臨的驚滔駭浪相提並論，但我們之間的共同點是：我們要先有計畫、有策略，才會需要貴人相助。

換言之，若你事先沒有任何具體的策略與計畫，就不會有貴人出現的。所以我說：貴人，可以說是「計畫」出來的。

再如舉辦台北「搞砸之夜」的 Impact Hub Taipei，也是因為有了一系列計畫，才受到貴人出手相助。創辦人陳昱築回憶：「當初跟 Oliver 一起先在扶青團（現已改名為扶青社）時期，協助扶輪社員共創許多國際合作專案，沒想到後來我們決定要共同創業，這些扶輪社員就成了我們的天使投資人，也就是我們最早的貴人之一。後來，當我們有了台北ＮＰＯ聚落這一整棟五百多坪的空間、需要一筆空間建置資金時，貴人也適時出現——李安妮女士，多虧了她將我們推薦給更多企業，才解決了當時我們建置成本的困難。還有，我們今天的業務之所以是與空間和孵化相關，要感謝另一位貴人的出現——台大學務長馮燕教授。我在大學時代曾經和馮老師一起出國擔任國際志工，爾後又有許多學生在事務上的合作，當老師知道我創立了 Impact Hub Taipei，而老師正好擔任慈濟基金會的董事，於是請我們去慈濟提案，促成了我們與慈濟合作，也開啟並奠定了我們以空間與孵化為主的服務。」

換言之，貴人一直在身邊，只是要等你有了「計畫」，才現身相助。不是嗎？

無畏！因為……

- ✓ 先有計畫，貴人才會出現
- ✓ 人脈關係與社會資本，是貴人出現的基石
- ✓ 降低運氣，提高可實現計畫之機率

II

商業計畫書

計畫不是死的，要一邊實踐一邊修正

若要計畫完整後才執行創業計畫，那永遠沒有開始的一天。你要邊做邊調整與修正，才能逐漸走向成功之路。

許多參加創業競賽的創業家，都會在創業初期擬定一份非常詳盡、甚至厚厚一本的商業計畫書，提供給評審或潛在投資者。但，我的心得是：詳盡的商業計畫書，不能與創業成功畫上等號。

我看過大部分的商業計畫，其實都未在執行層面會碰到的挑戰上著墨太多，當然就無法事先規畫因應之道。我建議創業家可以先讀一讀與精實創業（Lean Startup）相關的書籍，例如艾瑞克．萊斯的著作《精實創業：用小實驗玩出大事業》。

所謂精實創業，簡言之就是一邊實踐、一邊修正商業計畫，不會將最初規畫目標，視為一成不變之目標。就我過去的研究與實務經驗來看，傳統創業與精實創業雖然在本質上非常相似，都是在驗證環境前提（外部前提）與條件前提（內部前提）是否可行，不一樣的是傳統創業先驗證推論，後實踐計畫；而精實創業是一邊實踐，一邊修正計畫。

搞砸了！因為……

- ✓ 以為只要把計畫書寫好，事業就成功了一半
- ✓ 只顧短期求生存，沒時間思考長期策略與目標

舉例來說，你的產品或服務是否能滿足市場需求？相關的生態系統（供應鏈、基礎設施或合作夥伴等）是否已經健全、足以支援你的產品或服務？競爭是否嚴峻？競爭者是否容易進入？

還有，你公司內的資源，是否具備所需要的能力？你的公司擁有哪些競爭的資源與優勢？這些問題的答案，都不是固定不變的，你必須一邊實踐，一邊修正。

在創業存活階段，你應該重視的策略重點，在於是否能滿足目標市場的需求。哈佛商學院教授霍華．史帝文生（Howard H. Stevenson）把創業精神定義為「在不考慮現有資源的前提下追求機會」，這句話點出了創業者所面對的根本挑戰：缺少財力、人力、智慧財產、技術、經銷管道等條件的情況下，如何從外界獲得更多資源？若原本的計畫不可行（例如資源無法配合），就要快速調整計畫。

要知道在資源有限、市場需求與競爭環境充滿變數的情況下，所有計畫一定是趕不上變化的。若要計畫完整後才執行創業計畫，那永遠沒有開始的一天。你要邊做邊調整與修正，才能逐漸走向成功之路。

亨利．明茲伯格（Henry Mintzberg）認為，企業策略分為兩大類：策略規畫（Strategic Formulation，或稱 Strategic Planning）與策略形成（Strategic Formation）。策略規畫是指企業事先擬定策略方案，然後驗證方案的可行性，確認可行性後再執行該策略方案。策略形成是指一種即時策略（Emerge Strategy），會因應外在環境的改變隨時調整並即時形成策略方案，類似精實創業的概念。策略形成的精神也是在於因應外在環境前提的改變，而隨時調整策略方案，並檢驗企業的條件前提是否能滿足新的策略方案，必要時也需要改變條件前提來滿足新的策略之執行。

台灣策略大師司徒達賢教授亦在其著作中提到，策略就像打麻將。首先，企業在擬定策略方案時，一定是以利潤極大化（胡牌，是打麻將的最終目標）。其次，要先檢視企業內部的條件（先看自己手上的牌形），以及外部的環境（牌友是誰、牌品與牌技如何）。你會先有一個初步的策略方案（想要如何胡牌），但隨著時間的改變（進牌與出牌），環境會改變（想要的牌拿不到，或是摸到能湊對的牌），條件有消長（牌形會改變），你最初的策略方案就會隨時調整（改聽別的牌），才有辦法因應新的環境與條件前提的配適性與有效性，達到企業獲利的目標（最終胡牌）。我雖然對麻將遊戲不甚熟悉，但為了瞭解司徒達賢教授的策略精髓，請教許多會打麻將的企業人士後，有如醍醐灌頂，非常贊同司徒教授的比喻。

總之，創業家應掌握精實創業的「做中學」與「具開放彈性」精神，結合策略規畫，訂出長期與短期策略目標，並隨時調整與改變，不會因只重視短期成功目標，而迷失長期策略方向。

無畏！因為……

- ✓ 資源受限，就應精實創業
- ✓ 不因精實創業，而忽略長期策略規畫的必要性
- ✓ 以短期精實創業精神，彌補長期策略規畫的欠缺

12

B to B 或 B to C
沒有絕對好壞，但要量力而為

教育消費者，
是很費時與燒錢的。

威廉．莎士比亞在《哈姆雷特》中的名言「To be, or not to be, that is the question」，隱喻有所為與有所不為。在企業經營上，也常有「To B, or not to B」的兩難。這裡的B，指的是Business，也就是企業或機構用戶。

尤其新創事業，時常會在鎖定目標客戶族群時陷入掙扎：究竟應該以「一般消費大眾」（Businesses to Customers，B to C）為主要目標客戶族群，還是「企業或機構用戶」（Businesses to Businesses，B to B）。有些產品與服務（例如消費品）的目標客戶族群非常明確，但有些產品未必如此。舉原子筆廠商為例，主要客戶當然是一般消費大眾，但也可以賣給政府單位、學校、企業等機構用戶，前者是B to C，而後者就是B to B。

盲旅也是如此。盲旅提供的是一種「未知旅程」的旅遊商品，主要使用者當然是一般消費大眾，所以B to C的目標顧客族群是很明確的。然而，這種旅程同樣適合企業——例如作為員工旅遊行程，或是結合企業員工訓練、提供客製化的員工訓練旅程，這就是B to B的客群。

那麼，盲旅可否兼顧B to C和B to B？當然可以，但必須弄清楚兩者在本質上的差異，以免策略錯置。例如，若以B to C為主要策略目標，就必須投入大量行銷活動與經費來教育消費者；若以B to B為主要策略目標，則應著重於特定企業的需求，進行客製化的開發與設計。對於新創事業或新品牌來說，在資源缺乏的階段要同時鎖定兩種類型不同的客群是很大的挑戰。因此，若盲旅兼顧B to C與B to B兩種不同的客群，在有限的人力與資源下，其實是相當不容易的。

其實，無論B to B或B to C，都有無數成功的範例。例如，鮮乳坊。我們都知道鮮乳是高度標準化產品，主要客戶為最終端消費者，是一個高度成熟、被少數幾間大廠所寡占的產業。任何一個新品牌要進入這個市場，都要面對兩大挑戰：首先，是所謂的「資訊搜尋成本」，也就是如何行銷宣傳，讓消費者「知道」這個新品牌。其次，是道德危機成本，這是指在讓消

搞砸了！因為……

- ✓ 迷信品牌、高知名度，硬要投入B to C
- ✓ 誤以為教育消費者很容易

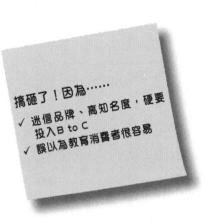

費者「知道」一個品牌之後，如何讓他們「信任」這個品牌。

剛創業時，鮮乳坊很巧妙地利用一個很好的時機進入市場。當時正好一家知名食品大廠發生食安危機，鮮乳坊透過社群媒體與群眾募資的方式，有效地降低消費者資訊搜集成本，並說服多家照顧大型動物獸醫產業與酪農業，成功地打進這一塊市場。

與此同時，創辦人龔建嘉醫師透過自己的專業，成功建立消費者對鮮乳坊這個新品牌的信任。

剛開始，由於這個產業被少數大廠所壟斷，鮮乳坊只能從非典型通路接觸消費者（B to C），但隨著持續成長，也開始與企業合作（B to B），例如咖啡廳與早餐店等機構用戶，現在除了在全家超商等通路有上架外，亦是路易莎咖啡的主要鮮乳供應商。

對於創業初期者來說，To B or not to B，可以取決於幾個因素：

首先，看產品的標準化程度高低。標準化程度愈低的產品或服

無畏！因為……

- ✓ B to B與B to C的選擇，取決於產品標準化程度、消費者資訊搜集成本、消費者道德危機成本
- ✓ B to C以發展品牌力為最終策略目標，B to B以生存為主要策略目標

- ✓ 發展B to B與B to C的條件前提是不同的，B to B重業務開發，B to C重行銷與財務資源

務，B to B會比B to C來得容易，因為企業用戶客製化的需求可以被滿足（量大），但若消費者有各種不同的需求有需要被滿足時，廠商開發眾多差異化產品的成本將會大幅增加，可能不符合成本效益。

其次，看資訊搜集成本高低。一般而言，B to C的資訊搜集成本較高。當消費者愈不熟悉一項產品與服務時，代表教育消費者的成本

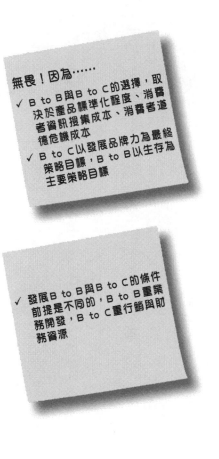

愈高，因此透過B to B的模式切入市場，能解決B to C的高資訊搜集成本。

再者，道德危機成本高低。通常，B to C的道德危機成本*較高。消費者或許聽過你的產品與服務，但因沒有使用過，因此他們使用這項產品或服務的道德危機成本高。在這種情況下，若先選擇B to B市場進入，對企業機構端用戶而言，只要產品品質好、成本可接受、交期準時或付款條件佳，接受度會比較高。若因此可以和知名品牌合作，則可以藉由此合作案降低消費者之道德危機成本。

當然，選擇B to B或B to C時也要考慮自己具備什麼樣的條件，

*道德危機成本是指買方懷疑賣方的產品或服務是否真正能達到交易完成前所宣稱的功能，或是買方懷疑賣方是否信守承諾或有同理心。（邱志聖著作《策略行銷分析》，二〇一四年）

例如B to B需要有很強的業務團隊來接觸客戶與開發客戶，B to C需要有會操作行銷活動的人才，以及要有雄厚的財務資源，畢竟教育消費者，是很費時與燒錢的。

我能接受失敗，但我不能接受沒有嘗試。
我因為不斷的、不斷的、不斷的失敗，
所以才有今天的成功。

麥可．喬丹（美國籃球明星）

一個人從未犯錯，
是因為他不曾試過新的事物。

亞伯特．愛因斯坦

2 創辦人

正如導論中提到，決定一家新創企業成敗的關鍵之一，是創辦人。熟悉國內外創業故事的讀者，都不難理解創辦人的人格特質與能力，對新創企業的重要性。

創辦人對自己也會有許多期許，希望自己具備成功創業家的特質，向創業家典範學習。我認識的許多優秀創業家，都願意努力學習、認真投入、大量閱讀吸收新知，並且不斷精進。

儘管如此，有時候仍然無法避免走上失敗之路。從搞砸之夜上所分享的故事中，我們發現許多創業者對於創辦人特質這件事，有不少共同的誤解，也因此挫折不斷。

舉例來說，有些人可能很羨慕那種站上台就能侃侃而談的創業家，以為要成功創業，就要能像賈伯斯、馬雲那樣滔滔不絕地吸引眾人眼光，因此花許多心思鍛鍊自己的口才，總以為若缺乏好口才，就不是成功的創業家。

然而，這是一種對「口才」的誤解。實際上，有些成功創業家個性很內向，一上台就緊張，但並不影響他們事業上的成功。為什麼？因為真正的好口才，並不是口若懸河地講話，而是一種能精準表達、讓聽者感到信任的能力。

還有交際應酬，也是另一個常被誤解的迷思。過去很多創業者都會把交際應酬，當作是必要的活動，常常在飯局與酒局之間流連，輕則白忙一場，發現這些應酬對生意沒半點幫助，嚴重的甚至因此搞壞健康、家庭破碎，非常不值得。當然，今天這種悲劇式的應酬少了，但仍有許多創業者過度重視各種公關活動，並因此浪費許多時間，最後搞砸了事業。

接下來，我們整理了與創辦人特質、能力有關的迷思，並提出我們的建議，包括以下九個處方——

十三、關於口才要好

處方：好口才不是口若懸河，而是能精準表達。

十四、關於專業分工

處方：創業初期盡可能親力親為，穩定後再考慮分工。

十五、關於交際應酬

處方：好人脈不靠交際應酬，而是真材實料的內涵。

十六、關於斜槓人生

處方：先專注做好一件事，再來斜槓。

十七、關於業績達標

處方：符合你核心事業的是商機，否則可能是「傷機」。

十八、關於資源合作

處方：慎選合作對象，必要時要懂得拒絕。

十九、關於募資高手

處方：記住：你是創辦人，不是金融家。

二十、關於連續創業

處方：可以連續創業，但別離自己專長太遠。

二十一、關於高成長

處方：想飛得更高？很好，但要用不一樣的方法。

我們相信，每一位新創事業的創辦人若能釐清這些迷思，避免犯下書中個案曾經犯過的錯誤，同時培養自己的三大能力——概念化能力（Conceptualize Capability，亦即邏輯思考力、整合能力）、人際關係能力（Relationship Capability，包括與供應商、客戶、利害關係人互動往來之能力）、技術能力（Technical Capability，包括項目領域的專業知識與技術等），能大大增加成功的機會。

13

口才要好

好口才不是口若懸河，而是能精準表達

成功的創辦人，
會一直持續從他人意見中，不斷吸取養分。

我參加過台灣許多創辦人的「Pitch」（募資簡報）活動，我發現許多年輕創辦人在介紹創業項目時，侃侃而談、魅力十足，令人欣慰。畢竟，身為創業者若沒有辦法將創業項目清楚地介紹給潛在投資人或客戶、供應商，吸引大家一起投入，那事業要怎麼繼續走下去？

不過，就我的觀察，除了個人表達能力之外，其實成功的創辦人或企業家，更需要的是「概念化能力」。所謂「概念化能力」，是指一種能將很複雜細微的事情，轉換成簡單易懂因果關係的能力。而

「思考力」，是這種概念化能力的基石。

我發現這種訓練，今天似乎愈來愈缺乏。多年來在填鴨式的教育體制，以及凡事講求標準答案的文化，讓我們社會上很多人的概念化能力訓練，隨著年紀增長而喪失。要提升這部分的能力，推薦大家參閱司徒達賢教授的《司徒達賢談個案教學：聽說讀想的修鍊》。

創辦人的「聽說讀想」修鍊之所以重要，是因為根據我的觀察，很多創辦人都有一種傾向：對事有強烈的主觀想法，不太容易聽別人的意見，當聽到他人提出疑問時，總是急於辯解，也因為急著辯解，往往沒有真正「聽懂」他人所要表達的真正含意。

搞砸了！因為……

- ✓ 無法接受他人建議，缺乏開放的態度，互補性知識不足
- ✓ 無法精準提問，只會說自己想說的

「聽懂」，涉及兩大因素，一是「態度」上能否持開放心態、接受不同的意見，另一個是「能力」上是否有足夠互補性知識，理解他人的意見。

我認識的許多成功創辦人，傾向樂於接受創新想法與事物，即使新的想法與意見與他認知的有所不同，仍會試著去理解與學習，比較不會有先入為主或堅持己見的態度。這不是說創辦人的想法應該常常改來改去，而是態度上樂意去傾聽不同的想法與意見，並理解其真意。我們也發現較為成功的創辦人，會一直持續參加各種不同進修課程與活動，從他人意見中不斷吸取養分。

有人可能認為，概念化能力是與生俱來的，但我認為應該這麼說：有些人天生比較常在「想」，所以其概念化能力就被啟發得多。司徒達賢教授所稱的「想」，可以分兩類：

第一類的想，是指針對問題在自己知識庫中進行搜尋、擷取、綜合並構思決策。

第二類的想，主要是經由和其他人想法的「比對」，而補強自己的知識內涵、強化自己建構知識的能力，甚至經由整合別人意見，創造更多新的知識，或層次更高的知識。

當我們時常訓練自己第一類的想與第二類的想時，概念化能力自然就會強化。

研究顯示，概念化能力是可以透過後天修鍊增強的，幼兒心智成長歷程就是一個很好的範例。我們不妨想像一下：當幼兒什麼都不懂的情況下，如何逐一建構日常生活的知識？例如，大人會跟小朋友說，火是危險的、會燒傷或燙傷皮膚、要遠離。當這樣的知識建構到小朋友腦海中的知識庫後，他就會判斷有火的地方就是危險的。

那麼，用火煮的食物，會不會也是危險的呢？父母有時候警告小朋友食物太燙不要吃，有時候又催促小朋友要趁熱吃食物。到底多燙是危險的？多熱是可以吃的？

這時候，小朋友的心智歷程就啟動第一類的想與第二類的想，開始尋求一個概念化的解決之道。父母不可能把所有情境講給小朋友聽（如果真有這樣的父母，其實對小朋友的思考訓練是無益的），所以小朋友會漸漸在心中產生一個概念化的因果關係：剛離開火的任何東西，會燙傷我們；不過，隨著時間久了，熱度就會下降，不會傷害我們。

換言之，概念化能力是可以透過第一類的想與第二類的「想」來學習的。

隨著年紀增長，我們成年人與小朋友之間的差別，在於小朋友的第一類「想」，是從長輩所提供的資訊或知識；而成年人的第一類

「想」，是自己選擇性的擷取與吸收。

我們成年人會遭遇的困境，是資訊爆炸與自我篩選知識來源，往往導致第二類「想」的訓練慢慢減少；有時候，當第一類「想」過於先入為主，也會阻礙我們概念化能力的練習。相較之下，小朋友通常因為父母不可能常常給他資訊，也不太清楚去哪裡找答案，所以只能用自己第二類「想」去尋找答案，因此他們概念化能力的訓練，是一生當中最密集最有效的。

回到創辦人概念化能力的修鍊，與小朋友不同的是：創辦人在創業時，很多資訊與知識已經存在於知識庫中。當然，沒有任何人敢說自己擁有足夠的資訊與知識，所以，聽與讀的修鍊就更顯得重要。若能多聽或多讀一些原知識庫所欠缺的資訊與知識，對於知識庫的擴充與第一類的想絕對是有幫助的。尤其第二類的想，更需要「聽」與「讀」的修鍊來強化。因為，創辦人應該要能聽懂或讀懂別人的論述主軸，然後比對自己知識庫的知識，再精準提問、比對兩者差異，最後才能形成更高階的知識。

因此，「說」的能力，不是在比誰更能說得天花亂墜，而是在於：

一、是否能清楚表達自己內隱知識的涵義？

二、能否精準提問、釐清自己內隱知識的疑慮？

能精準表達並提問的人，才能得到進一步的資訊與知識，並再次透過第一類的想與第二類的想，深化更高層次的知識。一個人的口

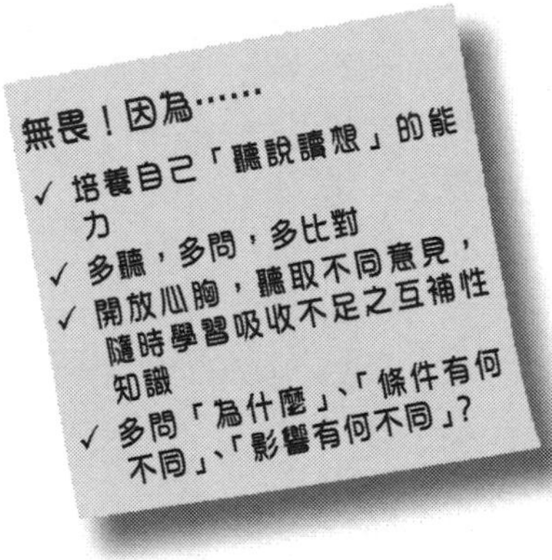
無畏！因為……
✓ 培養自己「聽說讀想」的能力
✓ 多聽，多問，多比對
✓ 開放心胸，聽取不同意見，隨時學習吸收不足之互補性知識
✓ 多問「為什麼」、「條件有何不同」、「影響有何不同」？

才——也就是「說」的能力——好壞，不在於滔滔不絕地告訴大家「市場有多大」、「可以搶多少市占率」等等，而是在於分析影響市場開發的關鍵、說明公司如何達成目標，這才是創辦人「聽說讀想」的修鍊重心。

14 專業分工

創業期盡可能親力親為，穩定後再考慮分工

親力親為是一種心態上的境界，
代表著創辦人對新創事業的重視程度與熱誠。

當被問及為什麼要創業？很多在「搞砸之夜」分享經驗的創辦人都會說，是因為對自己所創的事業有高度興趣與熱情。

照理說，既然這麼有熱情，在經營上就應該盡可能親力親為，畢竟創辦人都會樂在工作中。

然而，從「搞砸之夜」上所分享的故事，以及我個人觀察的創業現象來看，許多創辦人並未意識到「親力親為」的重要性，而是在「專業分工」的迷思中，錯失了成功的機會。

這些創辦人之所以會陷入「專業分工」的迷思，我認為有幾個原因。首先，我所認識為數不少的創辦人，是在工作一段時間後才出來創業的，他們大部分都曾經任職大企業，有些甚至擔任高階管理職位。我曾經執教的EMBA學生當中，也有許多人自行創業。

照理來講，這些曾經擔任高階職位、擁有EMBA學歷的創辦人，憑藉著更深入專業知識與更豐富的人脈關係，自行創業應該勝算更大才對。但事實上，正好相反，他們往往因為過去擁有豐富的大企業工作經驗，反而會用大企業的管理思維來經營新創事業。

例如，專業分工就是其中之一。要知道，大企業規模大、業務

搞砸了！因為……

- ✓ 創業初期，創辦人不親力親為
- ✓ 誤以為應該學大企業那樣「專業分工」，導致許多任務出現「三不管現象」

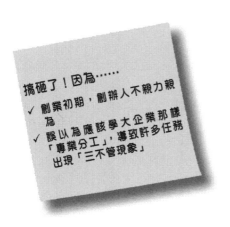

繁多，因此必須將任務專業分工，並細分每個人的工作執掌，才能發揮經營效率。但是，新創事業剛開始可能只有四、五人，怎麼比照大企業的編制，進行任務專業分工？

大企業的專業分工思維，不太適合剛創立的新創企業。尤其是創業初期，很多事情都需要及時處理，通常誰有空誰就接手處理。也因為如此，親力親為成了創業者很重要的人格特質。

「多扶接送」的許佐夫曾經分享創業初期與創業夥伴之間的對話。「我說：『ㄟ，我們來排班表，你排幾天、我排幾天。』」他回憶：「結果他跟我說：『蛤？我們要自己開車？』我說：『對啊，我們當然要自己開啊！』但是他說，他不開，因為他認為我們是高階經理人，應該要運籌帷幄於千里之外，不應該投入第一線的服務，而是要退居第二線，看數據、掌握大局。」

然而，對新創企業來說，創業者親力親為是非常重要的。透過親力親為，創業者可以快速且精準地掌握市場需求，加速市場需求之精準定位。例如，學悅科技，很早就意識到這一點。

「新創公司要成功，我覺得有一個很大的要素，創辦人都要出去打雜、出去當第一線業務。」在「搞砸之夜」上，學悅科技創辦人羅子為曾經如此分享自己的經驗：

「我們公司後來規模比較大，於是請了專門跑客戶的業務，我們幾個創業夥伴在公司裡負責管理。但這一來，我覺得自己對市場的感覺差很多，我發現我們不再貼近社會，就像是隔著一塊布把脈，感覺都不對。業務員帶回來的資訊，跟我們自己出去跑、所接觸到的訊息也有落差。」

「比如說，當時我去學校跑業務，看到老師最需要的功能是『點名』，於是我只花了三天就改進軟體、滿足需求。可是，如果換成行銷長去學校觀察，回來跟我報告、討論，結果可能需要五天。」

「這不是行銷長的問題，而是我自己。因為我可能會質疑他的觀察——『不可能啦！你有沒有搞錯，怎麼可能有這麼多老師愛點名？』我甚至可能說『你再去搜集五十個老師的意見，再來跟我討論。』這樣一來，搞不好要花半年才可能完成，因為他需要搜集資料、訪談、回報、做數據資料等等，如果我們有十個業務，就會有十個資訊來源，加上每個業務主觀認知不同，還會需要時間討論。」

這裡所說的親力親為，其實不只是工作上要在第一線感受市場需求，同時也是一種心態上的境界，代表著創辦人對新創事業的重視程度與熱誠。

這也就是為什麼，很多創業團隊在發現專業分工不可行、創辦人應親力親為之後，很快就調整了策略。學悅科技後來解散了業務團隊，創業團隊再度回到第一線。KumaWash 也是如此，共同創辦人林宜儒說：「我們除了自己投入洗衣廠弄車隊，還要修摩托車，什麼事都自己來。」

當然，創業歷程中，並不是所有創辦人自始自終都要親力親為、參與所有大小事務；相反地，隨著事業規模愈來愈大、工作愈來愈多且複雜，創辦人不可能從頭到尾都自己參與所有事情。對於基礎工作親力親為的執行程度，創辦人會隨著企業規模愈來愈大而降低。這也

無畏！因為……

- ✓ 創業初期，創辦人或共同創辦人應親力親為。親力親為可以降低溝通成本，還可以更精準掌握市場發展與趨勢
- ✓ 隨著企業規模變大，創辦人應授權給幹部與部屬，留下較多時間思考策略與組織問題

意味著，新事業成長到一定程度後，創辦人需要更多時間思考策略與組織的問題，技術上實質執行的工作必須要授權下去，否則企業會陷入另外一個成長瓶頸。

15

交際應酬

好人脈不靠交際應酬，而是靠真材實料的內涵

若身無實才，

就算參加再多餐會與活動，也很難交到益友。

前面曾經提到，貴人的出現，是在「計畫」誕生之後。不過，創辦人人際關係豐富與否，當然也是影響貴人出現的原因之一。人際關係愈豐富，成功的機率愈高。

我的觀察發現，成功創辦人的確都有很好的人際關係，也就是所謂的「人脈」。這些豐富的人脈，也不是靠應酬交際，更不會平空掉下來，而是創辦人「靠實力經營」出來的。

有人認為，人際關係能力是與天俱來的天賦，很難學。但有些人

認為，人際關係能力是可以靠後天培養的。相關的書籍很多，大家可以去書店找來閱讀，這裡並不打算教大家如何培養人際關係。我們只想從創業角度，來提醒讀者幾個關於人際關係經營與培養的關鍵概念。

首先，台灣新創圈子很小，尤其在創投與投資方的社群中，彼此會互通聲息。一般來說，一家新創事業的募資案會由一個「領投方」（帶頭的主要出資者）主導，然後邀請其他創投一起共襄盛舉，這次我邀請你，下次你也會邀請我，有新的案子，彼此之間也會互相分享。因此，創辦人的聲譽好壞，很容易在這圈子裡傳播開來。

搞砸了！因為……

- ✓ 誤以為只要能言善道，人際關係就會好
- ✓ 常常出席不必要的飯局，浪費時間與精力

也就是說，創辦人要在這個圈子裡培養有意義的豐富人際網絡，要有好的聲譽與信譽。否則，一旦聲譽不佳，壞事傳千里，不僅會影響到募資，也會阻礙外部資源投入公司。

我見過有些急功近利的創辦人，在募資時沒有公允適當地評估與呈現商業計畫書，而是口若懸河畫大餅、編織夢想，讓人感受不到誠意。我擔任過許多創業競賽的評審與業師，看到這樣的計畫報告書，都替他們捏一把冷汗。

我能夠體諒這種表現，畢竟對這些創辦人而言，一切才剛開始，需要外界的肯定，很自然地會以為自己的報告誇大一點，才能吸引投資者的目光，募集到更多資金與資源。但提醒創業者，創業圈這麼小，只要有幾個人感覺你誇大、沒誠意，就會影響到這個社群對你的觀感。

其次，社交場合天生就是所謂的「正向的網絡外性」，所以當您有好的聲譽與好的商業計畫，這種正向的網絡外性會被強化，也就是好事傳千里。從我觀察的成功個案來看，都有類似的效應。當您認識某個人、對他的印象良好，您會介紹給其他人認識。或是您接觸過的好客戶，會將您介紹給其他人。尤其，若您從事的項目又有獨特性，很容易讓別人想到並推薦您。

例如，LIS（Learning is Science）線上教學平台，就是很好的案例。在「搞砸之夜」，LIS創辦人嚴天浩曾經分享自己的公司被一棒接一棒推薦的故事。

「最早報導我們的是NPOst公益交流站，當時我們還是一群大學生。接著，我到他們某一個論壇分享，分享後，開始有人認識我們。剛好，當時鴻海集團的永齡教育基金會找泛科學合作在希望小學推廣科學教育，但泛科學覺得自己比較不擅長，所以推薦了我們。」

「還有美光，我是在一個展場遇到負責CSR的窗口，正好他們也在推廣科學教育，於是開始跟我們合作，直到現在仍是我們最大的贊助者。跟他們合作後，也讓其他企業找上了我們，包括法國巴黎銀行、一〇一、Sony等。」

鮮乳坊共同創辦人林曉灣也是透過良好的口碑，建立對事業有幫助的人脈。「公司成立三年之後，在同行和新創的圈子裡我們認識了很多顧問、老師、前輩，」林曉灣說：「認識這些前輩以後，不管在經營或其他方面有問題，都可以向他們請益。我也參加一些商業社團、大學的活動，認識很多高手，為我們帶來更多資源，在後期資源的事是滿可以掌握的，譬如現在遇到一個財務的問題，腦中就可以跑出好幾個前輩去詢問。」

多數人會直覺地認為，培養人際關係能力在於人格特質，有些人樂於廣交朋友，但有些人比較內向。那麼，內向、不善應酬交際的人，是否比較不利於發展人際關係，也因此比較不適合當創辦人？

當然不是！重要的是創辦人心中是否有內涵與真才實學。你一定有過這樣的經驗：一個創辦人說起話來滔滔不絕、感覺很會交朋友，但多講幾句話，你就會覺得對方內涵與實學有所欠缺。相反地，另一個創辦人或許木訥寡言，但緩緩說出的話，卻令人回味無窮。相較之下，我相信你會更敬佩的是後者，而且後者也更容易交到同溫層的摯友、贏得信賴。

記得：若身無實才，就算參加再多餐會與活動、應酬交際再頻繁，也很難交到益友。

所以，我常常鼓勵創業者，利用工作閒暇時培養各種多元嗜好與興趣，例如運動（登山、跑步、打球、健身之類）、閱讀、音樂等等，或是參加各種學習活動與課程，這些活動除了讓創業者可以舒緩工作壓力外，最重要的是培養對工作以外知識的深度，打造人際關係能力的基石。

也許有人會問：創業初期，事業生存都有問題，創業者又怎能將時間都花在參加這些活動？

根據我的經驗觀察，的確很多創辦人為了參加這類活動，反而耽誤了本業。因此，我的建議是盡可能選擇能平衡身心的休閒活動，以及提升能力的進修課程。至於那種純吃飯、喝酒的場合，能省則省吧——除非去了就有訂單到手。

盡可能抽出時間回到學校上課，增廣自我知能，在課堂上，你有機會與各方高手論「見」，最後可能會成為摯友，這才是創辦人最有價值的人脈。

無畏！因為……

- ✓ 打造好聲譽，讓好聲譽傳遍千里
- ✓ 減少社交應酬，先培養與深化多元知識與興趣，讓自己成為有趣的人
- ✓ 多聽演講、多學習、多上課，能帶來品質更佳的人際關係

16

斜槓人生

先專注做好一件事，再來斜槓

一旦分心，不管你能力多強，一定沒辦法與專注的對手競爭。
創業者不應給自己不專注的藉口。

最近幾年盛行所謂「斜槓人生哲學」，顧名思義，就是主張人生應該從事很多不同的工作或事業。

我們都知道，大部分創辦人都具備一種特質：熱愛追求創新與新奇的事物。他們往往不甘安於現狀，喜好追求創新突破。一旦有新想法，就喜歡馬上行動，投入全新的領域，成為名副其實的斜槓者。

但是，當創辦人將精神與資源投入另外一個新的事物，卻可能帶來潛在的問題。要知道，創業初期百廢待舉，要專注做好一件事已經很不容易，若又將資源與精力分散在不同事物上，其實是會影響事業發展的。

我並不反對斜槓，但我要提醒創業者的是：大多數成功的斜槓人生，是一個斜槓、一個斜槓不斷累積上去，而不是一開始就「同時」畫上很多斜槓。也就是說，若專注完成一件事，再專注完成第二件事，這樣的斜槓人生是比較容易成功的。

我觀察大部分成功的創辦人，都傾全力、畢其功於一役，將所有精神與資源專注在一個事業上。同時做很多事業都成功的個案，反而非常罕見。

創辦人不專注，往往是搞砸的

搞砸了！因為……

- ✓ 想要做的事情很多，多方押寶、同時進行兩個以上的專案或事業
- ✓ 稍有名氣後，被外部資源吸引，忽略核心事業發展
- ✓ 創辦人無法全心全意為單一事業奮鬥

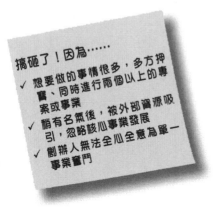

主要敗因。從早餐吃麥片創業團隊在「搞砸之夜」分享的故事中，我們可以看到專注的重要性。

「我們犯了幾個錯誤，」早餐吃麥片的巫宗融說：「首先，是我們沒有很專注。我們剛開始想賣健康相關的東西，但因為我們沒有賣過東西，所以我們認為，既然我們會寫文章，何不透過寫文章、累積流量，等到很多人認識我們之後，我們再順便賣東西。」

「我們原本所想的理想劇本就是這樣，但我們沒有去驗證這個想法是否成立，我們沒有去驗證寫文章、再來賣東西，到底是不是ＯＫ的？結果，我們整整寫了一年的文章之後，到了年底，我們回頭檢討才發現，寫文章根本對我們賣東西沒什麼幫助，真的是在浪費青春。」

有時候，隨著事業逐漸發展與成長，有些創辦人也會迷失原來的方向。他們會因為初期的成功，而誤以為自己可以同時勝任不同項目，因而造成無法專注原先事業。

我擔任新創事業業師或顧問時，就曾看到許多因為無法專注，而造成事業發展搞砸的案例。有些是第一個商業模式還沒站穩腳步，就同時投入第二個商業模式，在創業初期就消耗許多資源與精力。

例如，有一家經營無人飛機的新創公司，創辦人是一位經驗豐富的無人機操控專家，創業後不久，雖然公司還不算很成功，但已經在無人機專業領域中小有知名度。

接著，他很快就與一位農業專家共同成立另外一家公司，專門從事無人機農藥噴灑事業。表面上，這似乎是很順理成章的一步。但問題是，原本的公司腳步尚未站穩，投入新事業只會瓜分他非常有限的時間與精力。這也意味著兩家公司他都只能貢獻一半的時間與精力，無法「全力以赴」。試想：新創時期的創辦人自己都不專注，公司會好嗎？

愛評網的個案，也能讓我們看見無法專注所造成的影響。

「早在智慧型手機尚未普遍時，我們就創辦了愛評網的平台。」愛評網共同創辦人葉卉婷回憶說，後來智慧型手機開始普及，移動互聯網成了兵家必爭之地。但是，「這段期間，我們卻忙著另一項NEC的專案計畫，所以未能快速地反映市場需求。」

KumaWash 共同創辦人林宜儒也犯了同樣的錯誤。「我認為 KumaWash 失敗的原因之一，是我在經營 KumaWash 的同時，還投資了保養品公司、餐飲業、管顧公司，總共有九間公司。這其實是很荒謬的，也是我不成功的原因。」他說。

無畏！因為……

- ✓ 創辦人盡全力將一件事做到最好
- ✓ 專注一個事業，經營過程保持可修正的彈性
- ✓ 提醒自己：競爭者正全心投入，你怎能分心？

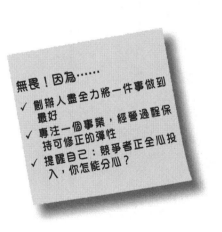

當時他說服自己，這麼做是為了分散經營風險，而且覺得自己本業之外，還是能抽出時間兼做其他事。「創辦人一旦分心，不管你能力多強，一定沒辦法與二十四小時投入、專注的對手競爭。」他在「搞砸之夜」語重心長地說：「創業者不應給自己不專注的藉口。」

專注之所以重要，是因為這樣一來，創辦人才可以隨時掌握外在環境的改變，即時調整公司的營運方向。除非你的新創事業真是地表上獨一無二的，否則競爭對手都在盡全力與你競爭，一旦不專注，就會給競爭對手可乘之機。

17

業績達標

符合你核心事業的是商機，否則可能是「傷機」

勇敢拒絕商機，
是創辦人在創業初期重要的修鍊。

新的商業機會或市場需求，一直是企業追求的目標。尤其對創業初期的公司來說，有新的客戶或潛在的大訂單，本來就是該好好掌握的商機。

不過，如果為了接下這筆大訂單、這位大客戶，你必須投入非核心業務，身為創業者的你，該如何選擇？有人說，當然接啊！商機就是商機，管它是不是核心業務，業績達標最重要、賺錢最重要。

但是，根據我的觀察，以及多位創業家在搞砸之夜上分享的經驗，有時候為了爭取短期的業績收入，若沒有掌握好，「商機」可能反而會變成「傷機」——造成公司受「傷」的「機」會。

例如，前面提到的愛評網，就是個典型的個案。當時，愛評網接到一個大客戶的生意，這家大客戶就是全球知名的科技業者NEC。「NEC來找我們，希望我們結合他們的POS機系統。」愛評網共同創辦人葉卉婷事後回顧時說：

「就策略來說，雙方都是正確的——他們可以導入我們的軟體，我們可以掌握商家資訊。」

但是，就在愛評網全力投入與NEC合作開發POS系統平台時，整個產業環境已經走向行動載具趨勢。而愛評網整個團隊因為忙

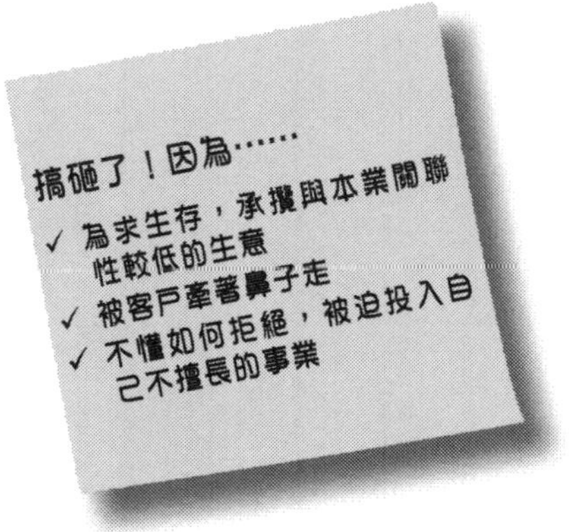

搞砸了！因為……
✓ 為求生存，承攬與本業關聯性較低的生意
✓ 被客戶牽著鼻子走
✓ 不懂如何拒絕，被迫投入自己不擅長的事業

著與NEC的合作，沒有注意到行動載具崛起的關鍵時刻，栽下了後來搞砸的種子。

「我覺得創業團隊要去思考：什麼錢可以拿、什麼錢不該拿？」葉卉婷說。

經營線上教學平台的LIS，也有過因此差點搞砸的經驗。「剛開始跟永齡基金會合作時，是我們第一次遇到這麼大的客戶，加上我們都是年輕人，常會搞不清楚自己的專業是什麼，」LIS創辦人嚴天浩說，這樣一來，往往會讓合作的另一方「覺得我們連自己想要做什麼都搞不清楚。」

沒錯，企業要成長，一定要朝新市場或新產品發展，甚至發展與本業無關的多角化事業。不過，那是你的公司經營一段時間、業務穩定之後的事。創業初期的你，千萬別想要多角化。

相反地，愈是在創業初期，愈應該堅守核心事業發展方向。我們都知道當企業發展到一定規模，通常會遭遇本業市場陷入飽和的困境。為了持續成長，不得不開發新的商機，或是開發新產品來滿足既有的消費族群、開發新的市場、往產業上下游垂直整合。但基本上，都必須先具有下面兩個前提要件：

一、核心事業發展已經飽和。

二、企業資源尚有餘裕。

對新創事業而言，這兩個前提要件是不成立的。若一個剛成立沒多久的公司，就已經遭遇市場飽和的問題，這代表一開始的新創策略就是有問題的。這時候你應該評估的，是如何放棄原先的布局，改弦易轍，而不是什麼多角化。何況，創業初期，創業者的資源必定是相對有限的，所以不應該同時發展非核心事業之商機。

對創辦人而言，要如何判斷哪些是真正的「商機」，哪些其實是「傷機」呢？

判斷的關鍵，在於四個字：核心事業。也就是說，只要是在原來核心事業範疇的商機，成功的機率較高；反之，若需要調動資源、改變創價流程、甚至改變商業模式、與原核心事業偏離的商機，就應敬而遠之。

例如，ＬＩＳ創辦人嚴天浩，後來就體悟到這一點。「當機會來的時候，我會先考慮哪些東西是我們ＴＡ（目標客戶）會需要的。」他說：「例如，有一度德州儀器邀請我們製作一套關於半導體封裝的教材；但我們主要的目標是協助國中小學生，我們會看內容是不是國中小學老師需要的、能不能跟課程搭在一起。以半導體封裝來說，在我們看來就不是國中老師需要的，所以我們當時就跟德州儀器說不能幫他們做。」

鮮乳坊也透露一段曾經婉拒大客戶的經驗。當時，鮮乳坊成功打入全家便利超商、逐步打出品牌知名度，有一家日本大型乳酪公司來找鮮乳坊洽談，計畫在台灣生產販賣乳酪。照理說，對於剛起步的鮮乳坊而言，若能得到日本知名乳酪公司青睞，一定能加速公司的發展，何況生產乳酪可以解決冬季鮮乳量過剩的問題。

但是，鮮乳坊的團隊後來評估發現，雖然乳酪是鮮乳的延伸產品，也算是在核心事業範疇，但生產乳酪必須設立食品加工廠，這對剛成立沒多久的鮮乳坊，是一項新挑戰，更重要的問題是在乳酪使用不高的台灣市場販賣乳酪，要花更多時間與資源教育消費者，對於一

無畏！因為……

- ✓ 不做自己不熟悉的事業
- ✓ 先顧好本業，不輕易從事多角化事業
- ✓ 拒絕商機，也是一種修鍊

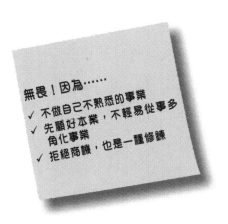

家新創企業來說風險極高。因此，鮮乳坊婉拒了這家日本大廠的合作邀約。

所以，能勇敢地拒絕商機，也是創辦人在創業初期重要的修鍊。

18

資源合作

慎選合作對象，必要時要懂得拒絕

創辦人的任務，是判斷哪些資源與人脈關係是公司所需要的，哪些是該婉拒的。

許多新創企業在度過創業期、存活下來、在業界小有名氣後，都會有相似的經驗：開始有更多資源與人脈，不斷此起彼落地冒出。一時間，創辦人會覺得好像成功變得這麼容易，要人有人，要資源有資源，好像什麼事都可以辦成，什麼

搞砸了！因為……

- ✓ 創辦人過度志得意滿
- ✓ 無法專注原核心事業
- ✓ 資源過多，創辦人經營鬥志弱化，組織出現安逸文化

問題都不再是問題。

絡繹不絕新進來的資源與人脈，在新創事業的初期當然是件好事。原先在創業初期，欠缺資源與人脈關係，如今好不容易爭得一席之地後，開始有人關注，願意提供資源，當然是好事一樁。

但請務必小心，絡繹不絕的資源與人脈，會帶來許多意想不到的副作用。

首先，會讓你高估自己的能力。當你擁有如此豐富的資源與人脈可以使用，會讓你產生錯覺，好像什麼事都可以嘗試，什麼事都可以辦得成，這就是「傷」機的開始。

其次，新資源與人脈會讓你無法專注本業。當手中有餘裕資源時，創辦人容易被外在商機誘惑，分心去經營非核心事業，這對新創事業是相對不利的。要知道，餘裕資源（Slack Resources）過多時，就可能讓創辦人放鬆經營態度，不再全心投入經營事業。

最後，也是更嚴重的副作用是：萬一與不理想的對象合作，結果反而會壞了公司的聲譽。例如，鮮乳坊就有過因此搞砸的經驗。「曾經有家公司找我們合作，有一位夥伴覺得這家公司的品牌知名度很高，我們跟他合作流量一定會超多，雖然我沒聽過這家公司，上網查也沒有太多訊息，最後與對方合作了。」鮮乳坊共同創辦人林曉灣回憶，但這次合作並不愉快，「東西做出來後，我們被罵說『添加物這麼多』等等，最後被下架。」

那麼，該如何看待與運用新資源及人脈關係呢？我認為，新資源與人脈關係應該用來輔助你核心事業發展。在新創階段，創辦人有一個很重要的任務，就是判斷哪些資

無畏！因為……

- ✓ 避免資源膨脹（特別是聲譽膨脹）的誘惑，拒絕偏離正逸
- ✓ 好資源，是指與核心事業相關的資源
- ✓ 適度拒絕外部資源，讓企業維持良好戰鬥力

源與人脈關係是公司所需要的，哪些是該婉拒的。

KumaWash 共同創辦人林宜儒曾有感而發地分享了他的心聲，有位長輩跟他說：「年輕人，你們現在是最危險的時刻，因為你們現在資源很多，資源少的時候，反而是最安全的時刻。」

19

募資高手

記住：你是創辦人，不是金融家

創辦人追求的，
是事業成功後所獲得的財富極大化。

說到募資，除了極少數可以靠自己獨資的創業者之外，幾乎所有新事業創辦人，都經歷過募資的過程。過去，台灣新創事業的募資管道比較單純，通常就是所謂的三個F——Family（家人）、Friends（朋友）、Fools（笨蛋），這三者一直是許多創業者初期資金的主要來源。

近年來，美國矽谷盛行的創投產業（Venture Capital，簡稱ＶＣ）延伸到亞洲，包括中國大陸與台灣，新創事業也漸漸學習矽谷創業家的募資方式。為了籌資，新創企業創辦人四處投遞創業計畫書。曾有創辦人告訴我，當他募到第一筆資金時，已經 Pitch（募資簡報，創投圈常用語）上百場的商業計畫。一般來說，Pitch 數十場是很常見的情況。

當然，除了極少數幸運兒，募資過程總是挫折居多的。「反正就是一直嘗試、一直拜訪、一直寄信、一直聯絡，我也是一直在 Pitch，大概有十幾家了吧，然後只有一家有興趣。」學悅科技創辦人羅子為說：「我們知道，募資本來就是成功率超低，所以募不到錢也不會自責。我們從一開始就做了很多心理建設，所以沒在怕募不到資金。」

搞砸了！因為……

- ✓ 本末倒置，把募資當成創業目的，遠離創業理念
- ✓ 專注於金融市場操作，變成資本市場遊戲中的一員

我發現，許多創辦人經歷過這麼多場 Pitch 後，心態較為開放的創業者，會將過程中投資人的意見與建議，帶回公司討論與修正，增加未來成功的機會。

然而，有些創辦人對自己的商業模式過於自信，經歷過多場 Pitch 後，往往最大進步就只是簡報能力改善與回答問題能力進步而已，沒有從過程中聽取不同意見，強化自己的商業計畫，非常可惜。

此外，我發現還有一個更大的問題——

我們知道，尋求資金的過程中，創業者會不斷經歷被投資人拒絕。為了保留未來機會，募資過程必須持續與這些潛在投資人高度互動。漸漸地，有些創辦人會被專業投資人影響，最後連想法與觀念都被對方「同化」。被同化了之後，他們內心所想的，是如何在股權設計與募資過程中獲取最大財富。

我認識有些創辦人，後來甚至乾脆轉行，跳槽到創投業。當然，若能及早發現自己的真正興趣、轉換跑道也不錯。盲旅共同創辦人古佳玉，就是一個好的例子。在創業過程中，古佳玉因接觸很多創投業的朋友與前輩，最後在轉手盲旅事業後，加入了創投業。像她這種曾經有創業經驗的人，轉而從事創投業，的確會有其他同行所欠缺的經驗，更能掌握新創企業的心態與想法。

與創投界往來頻繁之後的另一個副作用，是會讓創辦人掉入一個錯誤的觀念中，誤以為自己也該像創投業者一樣「分散風險」，應該「同時」從事多個不同新創事業。

我的建議是：最好避免這麼做。創業與投資事業，是不一樣的思維邏輯。從投資學的基本概念來看，投資的確有風險，所以要分散，雞蛋不要放在同一個籃子裡，而是採取投資組合（Portfolio）的概念——投資項目要多，且分散在不同的產業。

但是，經營事業剛好相反，經營者就算將所有精力投入現有的事業，還不見得會成功，何況是將精力與資源分散到其他項目上，試想，競爭對手若盡全力在與你競爭，而你卻備多力分，怎麼有辦法勝出？

此外，投資重視風險分散，經營事業則講究綜效槓桿（Synergy Leverage），應集中資源於同一項目或類似項目，才會為企業擁有的資源條件帶來綜效，否則如果用投資組合的概念，將所從事的項目分散在不同產業，或許可以降低個人風險，但事業卻無法享受綜效所帶來的效益。

或許有人會說，創業其實跟創投一樣，都是一種追求財富極大化的行為。對於這一點，我完全同

無畏！因為……

- ✓ 創辦人腦袋清楚，知道募資是達成創業目標之工具或過程而已
- ✓ 創辦人明白自己的角色，以及對企業的責任
- ✓ 創業家與金融家不同，後者以分散風險為己任，前者以專注核心事業為己任

意，只是我認為兩者在思維上有所不同。

成功創辦人學習創投業者，是在事業「成功後」追求的財富極大化。這與創業「過程中」追求財富極大化，是不一樣的思維。簡言之，創投業者所重視的是在創業過程中快速累積財富並分散風險；而創業實業家所重視的是如何集中精力與資源，全力讓所創事業成功，並在成功後享受財富極大化的果實。

20

連續創業

可以連續創業，但別離自己專長太遠

創辦人應該對每一次所創事業有背水一戰的決心，把當下的事業，當成最後一個事業來衝刺。

創投圈有人曾經說，評估新創事業創辦人的過去創業經驗，最理想的情況是該創業者為第三次或第四次創業。

許多創業者也都以此為圭臬，認為至少要創業幾次才會成功。

其實，這未必正確，只是站在不同觀點所持的看法而已。從投資者觀點來看，投資者追求的是風險降低，故若新創事業的創辦人比較有經驗，對其投資風險控管比較有利。但是，從創業者的觀點來看，應該沒有人故意要讓自己先失敗再重新創業。

我個人認為，「下一次創業會更好」的說法，某種程度上是在安慰創業者，鼓勵創業者別灰心、要再接再厲。畢竟，我們都知道創業變數多，失敗機率高。

但事實上，創辦人不應該心存此念，相反地，應該對每一次所創事業全力投入，有背水一戰的決心，抱著非成功不可的心情，把當下的事業，當成最後一個事業來衝刺。

搞砸了！因為……

- ✓ 沒有全力以赴，心想著下一次創業會更好
- ✓ 誤以為在不同領域創業，會比較成功

我們從當代成功新創個案來看，成功企業家最成功的事業，其實反而多是第一次創業時所打下的江山。例如，比爾．蓋茲所創立的微軟、祖克伯所創立的臉書等等。他們從第一次創業開始，就戰戰兢

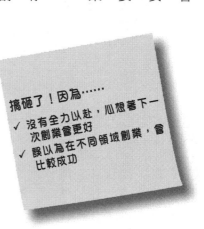

競，最後換來豐碩成果。

有些創辦人也懂得這個道理，而且第一次創業雖然不算很成功（例如獲利與成長不算高），但也說不上失敗（例如沒有倒閉），這時他們可能會藉由增加創業項目，來補強自己的創業經驗。

這看似很合理，但其實是有風險的。策略理論中有一個稱為「路徑相依」（Path Dependency）的概念，可以用來解釋我的想法。

企業在發展過程中，會有一種追隨過去方向與路徑發展的傾向。先前發展時所累積的資源與知能，會成為後來發展路徑的基石。所以，若創辦人動不動就來個大轉彎，甚至下一個新創事業項目與前一個完全無關，那麼路徑相依的優勢就無法充分發揮。

因此，若真需要連續創業，也應該盡量選擇可以發揮「路徑相依」優勢的項目，達到精益求精的目標。舉例來說，Kuma Wash 共同創辦人林宜儒雖然在不同的產業與業態連續創業，但其核心路徑還是跟自己的資訊專長有關，所以真的需要下一次創業時，確實可以在專長路徑上有所延續與精進。「目前我正再次創業中，新事業所需的核心能力，剛好是我所能勝任的，」林宜儒說：「先前的創業經驗，讓我更知道自己的強項。」愛評網共同創辦人葉卉婷也說：「對於未來創業方向，我都不排斥。現在很難單純做數位評估的工作，可能一定會跟實體場域整合，愛評網算是我第一次創業，以後我還是會以先前擅長的優先考慮。」

無畏！因為……

- ✓ 第一次創業就全力以赴！
- ✓ 心境上，把每一次創業都當成最後一次創業
- ✓ 連續創業者應該選擇「路徑相依」的項目為發展方向

21

高成長

想飛得更高？很好，但要用不一樣的方法

過去成功經驗建立在其特定的環境前提與條件前提之上，是很難被複製的。

伊卡魯斯（Icarus）是希臘神話故事中，代達魯斯（Daedalus）的兒子。伊卡魯斯與父親一起用蠟油，於身上黏上一對翅膀，揮動翅膀，竟然真的可以展翅高飛。伊卡魯斯愈飛愈高，看到的大地愈來愈寬廣。他心想，既然可以飛到現在這個高度，應該可以飛到更高的地方，往天際飛去，逃離克里特島。

沒想到，當他愈飛愈高，也愈接近太陽、溫度不斷升高，這時蠟油開始融化，翅膀因而斷落，伊卡魯斯從高空中墜海而亡。伊卡魯斯

誤將過去成功的經驗，當作決策的基礎，結果遭致失敗。成功，成了失敗之母。

這則寓言故事帶給創辦人幾點啟發：第一，過去成功經驗，通常是建立在特定的環境前提與條件前提之上，除非前提完全一致，否則成功是很難被複製的。

每一家企業的發展過程中，外在環境會改變，內部條件會消長，就像伊卡魯斯，飛得愈高，外在的環境前提也會隨之改變——當溫度愈來愈高，伊卡魯斯怎麼能用原來的翅膀飛呢？

企業也一樣。無論過去多麼成功，當環境改變，就該瞭解與分析這種改變對企業的影響，進而採取新的做法，以因應新的環境前提。

搞砸了！因為……

- ✓ 太耽溺於過去的成功，忽略了因應環境改變
- ✓ 創辦人過於自負，心態上無法主動積極探索環境變化
- ✓ 企業出現「組織慣性」，造成團隊抗拒變革

第二，過去的成功，常會讓創辦人與團隊變得比較自負，因而忽視外在環境的改變，失去調整策略的先機。就像伊卡魯斯，對於裝上翅膀就能高飛這件事情過度自信，以為既然已經成功起飛，應該可以飛更高。他的自負，導致他的死亡。

第三，過去的成功模式，會讓企業運作方式漸漸被制約，產生組織慣性（Inertia），哪怕有新的策略方案要執行，整個團隊有時會因「組織慣性」——習慣了原本的工作方式——而抗拒改變。他們即使察覺到外在環境已經變了，創辦人也意識到調整策略的必要性與重要性，但仍然無法改變組織慣性，而讓企業無法跟得上改變的步伐，最終失敗。

例如，學悅科技在台灣市場經營成功之後，決定向中國大陸市場進軍。「我們在台灣做得很棒，大部分學校反應都還不錯；」創辦人羅子為在「搞砸之夜」上說：「然後，我們就覺得自己可以進軍海外

無畏！因為……

- ✓ 不盲目沿用過去成功經驗，適時審視，並提出調整改變方案
- ✓ 放下自負心態，觀察外部環境改變與挑戰

- ✓ 預防組織惰性，養成開放創新的組織文化
- ✓ 讓組織成員定期輪調不同單位，養成不同思維的決策習慣

市場了！」萬萬沒想到，在中國大陸的營運始終無法獲利，挫折連連。「我們去了一年之後，就全部撤掉回來了。」

新創事業在初期理應不會有這個問題，但通常隨著企業持續發展一段時間，組織慣性就可能會產生，因此我建議新創企業可以採取一些做法，來預防慣性的形成。例如，試著塑造開放性的組織文化，並

鼓勵成員積極創新，讓企業文化保有開放創新的DNA。如果你的團隊常常接受不同的意見與想法，並時常落實創新，當企業需要因應外在環境改變時，組織成員比較容易接受改變。

另外，企業平時也應定期進行部門間的輪調，讓組織成員可以產生同理心，理解不同部門的挑戰與難處，一旦企業要改變時，組織成員比較能全面性理解並接受組織變革的要求。

當然，若改變的幅度過大，甚至牽涉到新事業發展方向、新事業項目與既有的事業項目差異頗大時，就應該考慮另外成立一個新的部門，重新招募成員，以符合新部門的需求。

我可以接受失敗，
但絕對不能接受未奮鬥過的自己。

宮崎駿（日本動畫師）

我們跌倒的地方，
是我們人生旅途上的墊腳石。

羅莉・妲斯卡爾（商業教練）

3 創辦團隊

商業項目、創辦人之外，第三個關乎新創事業成敗的因素，就是創辦團隊。沒有好團隊，新創事業幾乎注定無法成功成長。

前面提到，創辦團隊與組織可以分為三個面向：第一，是如何與合夥成員共事；第二，是如何組成團隊；第三，是如何將團隊規模化。

但，說到組成團隊，其實多數創業家也都是摸著石頭過河、邊做邊學的。就算過去在大企業上班、曾經帶領團隊，但那與創業團隊的組成非常不一樣，畢竟對於未來，創業者自己也未必完全有成功的把握，又要怎麼說服別人加入團隊呢？

再加上，我發現許多創業者都面臨一些相似的疑惑，例如：好朋友該不該一起創業？如果要，共同創辦人之間要注意哪些關鍵？創業初期高談理念，到底對不對？股權該怎麼分配，才合理？

在搞砸之夜分享的案例中，我們發現組織與團隊是創業者最常面臨的難題之一。有人因為股權分配不當引起糾紛；有人因為共同創辦人之間意見不和而翻臉；有人太重視制度建立，而在經營上失去了彈性；有人錙銖必較，忽略了給團隊應有的薪資與獎勵。

接下來，我們整理了關於創辦團隊相關的九大迷思，希望能協助創業者避開常見的陷阱，遠離搞砸之路。這些迷思是——

二十二、關於共同創辦人

處方：價值觀不同，絕不能成為共同創辦人。

二十三、關於好朋友創業

處方：別讓好友情誼成為決策絆腳石。

二十四、關於志同道合

處方：除了專業，其實個性互補也很重要。

二十五、關於組織文化

處方：要先跟應徵者說清楚：為什麼一起奮鬥？

二十六、關於股權結構

處方：遇到重大議案，你需要三分之二股權。

二十七、關於技術股

處方：技術股要給真正有「技術」的成員。

二十八、關於靠理念留住員工

處方：別光講理念，要有好的薪資與獎勵制度。

二十九、關於制度化迷思

處方：別老想建立制度，你更需要的是彈性。

三十、關於ＩＰＯ

處方：要不要ＩＰＯ？看你對資源的需求程度與急迫性。

22

共同創辦人

價值觀不同，絕不能成為共同創辦人

不要誤以為既然過去是好朋友，
未來就可以順理成章成為合作愉快的共同創辦人。

到底，什麼樣的人可以共同創業，什麼樣的人應該避免合夥？這幾乎是所有創業者都會面臨的課題。

過去很多文章與實證研究，都點出一個重要關鍵：共同創辦人之間，最好有「互補」關係。

例如，共同創辦人之間要能「個性互補」——有人積極外向，有人沉穩內斂。共同創辦人之間也要「專長互補」——有人擅長業務，有人擅長產品開發。

不過，要注意的是：價值觀絕不能互補，必須是一致、共享才行。

就如同許多婚姻關係，失敗往往源自於價值觀的差異，例如用錢的態度、教育小孩的方式等等，不勝枚舉。新創事業也一樣，若共同創辦人之間的價值觀差異太大，通常會搞砸事業。

遠的不說，就溝通一事來看，若價值觀不同，光是溝通成本，就會延宕新創事業發展的速度，更不用說溝通不良對組織氛圍所帶來的負面影響。

最有名的案例之一，就是「東京著衣」。兩位創辦人原本是夫

搞砸了！因為……

- ✓ 誤以為另一半既然是人生伴侶，工作上應該也可以成為好夥伴
- ✓ 誤以為自己人比較好溝通

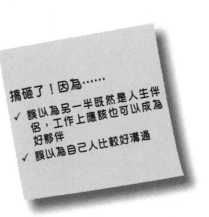

妻，最後夫妻倆不但搞砸了事業，婚姻也以失敗收場。

找對的共同創辦人，跟尋找終身伴侶的原則很相似：若只是談談戀愛，沒有要白頭偕老，價值觀的差異也許不是那麼重要；但，若是要永續經營這個事業，價值觀是否一致，就變成十分關鍵了。所以，找共同創辦人絕對不能憑著一時興起，也不要誤以為既然過去是好朋友，未來就可以順理成章成為合作愉快的共同創辦人。

「找團隊是非常嚴肅的課題，」台灣藍鵲茶創辦人黃柏鈞說：「要找到一個跟你一起走下去的夥伴，你得用找終身伴侶的態度，而不是先試試看。共同創辦人之間，一定要願意相忍為用、相互支援。」

許佐夫創辦多扶接送時，共同創辦人就是他國中時代就認識的好友，但共同創業之後，很快就面臨兩人價值觀相異的問題。

「他是農產品產業副總級以上的人物，能力很強。」許佐夫說，當發現兩人都有創業想法，於是一拍即合。但是，漸漸地，許佐夫發現兩人的價值觀有差異，沒多久這位共同創辦人就憤而離開了。有一段時間，兩人鬧得很僵，互不往來，幾年之後才恢復聯絡。「如果重來一遍，我不會選擇與他創業，因為我不想失去最要好的朋友，這實在太令人難過了。他並沒有錯，只是我們兩人對於創業的概念不一樣。」

愛評網共同創辦人葉卉婷，也有過慘痛經驗。「我跟我先生都是共同創辦人，我們在分工上沒有問題，他主要負責業務，我負責產品與顧客，但我們有不同的價值觀，所以時常會有爭執，增加溝通的成本。」她回憶道：「後來我們離婚了，成為好朋友，反而更容易溝通。」

你可能會想：既然找共同創辦人這麼困難，那創業時真的有必要找共同創辦人嗎？

我認為，若能找到合適的共同創辦人，對新創事業是一大助力。

要知道創業維艱，沒有任何人十八般武藝樣樣精通。透過共同創辦人來互補，才能讓事業邁步向前。

我過去接觸過的新創團隊中，也有一些共同創辦人的價值觀並不完全相同，但他們仍然可以順利共事。關鍵在於他們做對了三件事：

第一，他們推出一位主導創辦人（Dominant Founder），其他共同創辦人扮演協同角色。而且，主導創辦人擁有絕對多數股權，其他創辦人則持有較少股權。因為股權數明確，即使價值觀有所差異，主導創辦人仍能對發展方向擁有決定權。

第二，若無法產生主導創辦人，共同創辦人之間的工作劃分就必須明確區分清楚，彼此工作內容不重疊。因為只要有所重疊，就必須溝通，而在價值觀不同的情況下溝通，一定會帶來衝突的機會。

例如，鮮乳坊三位共同創辦人的分工——分別負責產品技術、業務行銷、營運行政——就值得我們學習。龔建嘉負責替牧場的牛隻看診，並訓練獸醫師，以提高牧場之品質與產量；郭哲佑主要負責行銷與業務開發；林曉瀾則負責營運與行政相關事宜，三人分工互補且流程不重疊。印花樂三位共同創辦人的分工，亦是如此。

> **無畏！因為……**
> - ✓ 找共同創辦人，要像在物色談戀愛對象一樣謹慎
> - ✓ 伴侶不宜共同創辦事業，除非工作與生活可以妥善安排
> - ✓ 共享共同價值觀，才是共同創業長久之基石

第三，即使彼此工作互補且不重疊，分工上還需注意「流程銜接」，讓彼此之間有良好的溝通機制。例如，愛評網原本

是葉卉婷負責產品開發，何吉弘負責業務開發，分工看似無太大問題，但因為流程上兩者的工作介面需高度銜接，因此有溝通的必要，這一來葉卉婷時常會因為產品設計理念價值觀與業務導向的何吉弘有所差異而爭執。因此，設計一套溝通機制，對於新創團隊的共同創辦人而言是十分重要的。

23

情同手足
別讓好友情誼成為決策絆腳石

創辦人之間的角色，
在創業前一定要先定義清楚。

三個和尚沒水喝，那三個好友可創業嗎？

從印花樂的案例來看，答案似乎是可以的。印花樂三位共同創辦人在高中已經熟識，大學時有各自的社交圈，直到大學畢業後才決定共同創業。三位的專長雖然都與藝術設計有關，但一開始分工就很明確且互補——沈奕妤負責所有的設計與行銷（當初會創立印花樂這個品牌，就是從沈奕妤畢業製作的壁紙作品延伸而來）；邱瓊玉負責生產和營運端；葉玟卉負責所有後勤業務，包含行政、財務、人資等。

三人之間的分工內容明確，也因此避免了許多不必要的爭議。這似乎也證明，如果方法正確，三個好友、好同學是可以共同創業的。

但，並不是所有創業團隊都這麼幸運。盲旅的案例，也許可以提供我們另外一個面向的故事。就像印花樂一樣，盲旅三位共同創辦人也是老同學，但後來卻因為共同創業而產生摩擦。一樣是三個好友創業，為何印花樂與盲旅的發展大不同？

首先，印花樂的三位共同創辦人之間，有良好的流程銜接與溝通機制。好朋友共同創業最常見的問題之一，是創辦人之間為了擔心影響彼此情誼，而經常出現言不由衷、議而不決的現象。換言之，明

> **搞砸了！因為……**
>
> ✓ 合夥創業之後，好友反目
> ✓ 只想找專業背景與自己一樣的夥伴
> ✓ 以為找情同手足的好友共同創業，成功機率更高
> ✓ 為了避免衝突，不願將心中不滿講出來，造成問題沒有解決，產生更大問題

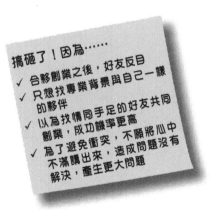

確的決策流程安排、開誠布公的真誠溝通至為重要，不要讓難得的珍貴情誼，成為妨礙決策效率與效益的絆腳石。

其次，雖然兩家企業共同創辦人都有任務分工，但印花樂的分工明確，盲旅則重疊的部分較多。這主要是因為古佳玉認為，既然是共同創業，就應尊重每位共同創辦人，即使其中一人擁有股權優勢，也應重視其他創辦人對發展方向的看法。因此，當想法不一致時，共同創辦人之間就得花許多時間溝通。「我們不是從能力互補共組的團隊，我們會的東西其實都一樣，大家都會廣告、行銷、創意，每個人想法都不同，所以都要花比較多時間溝通。」

這幾家台灣新創企業的遭遇，其實並非特例。《哈佛商業評論》曾有一篇文章，標題為〈新創事業創辦人必須避開的三個陷阱〉，作者指出：創辦人必須注意「關係決策」與「角色決策」陷阱。因為多數新創事業初期，都是找親朋好友一起創業，當共同創辦人間的目標不一致時，往往因為怕影響彼此關係，而造成議而不決的現象。再加上，許多創辦人在組織裡都擁有「長」字輩的身分，往往讓決策效率降低。

因此，創辦人之間的決策角色，一定要先定義清楚才行。

其實，角色分工只是方法之一，「決策充分授權分工」才是影響決策效率與效益之關鍵。根據我們的研究顯示，雖然大部分新創公司都有專業部門的劃分，但有效率的決策品質，才是分工成功與否的關鍵。

無畏！因為……
- ✓ 任務分工不重疊，降低溝通成本
- ✓ 創辦人之間的決策角色，要先定義清楚
- ✓ 建立良好的流程銜接與溝通機制
- ✓ 團隊兼顧「專業知識深度」與「管理知能廣度」

如前篇提到，鮮乳坊創辦人龔建嘉負責公司策略發展方向與技術研發，郭哲佑負責行銷與業務，林

曉灣則負責行政管理庶務，彼此間都會尊重專業分工的決策權，在決策前也會經歷充分的討論與衝撞。最後的決策，則落在最大股東龔建嘉身上。

Impact Hub Taipei 也是另一個分工與決策明確的社會企業。共同創辦人陳昱築與張士庭在專業與個性上，都有健康的互補現象——張士庭做事情比較縝密、力求完美，陳昱築對大方向決策比較明快，因此 Impact Hub 決策上也比較沒有衝突。

24

志同道合
除了專業，其實個性互補也很重要

創業團隊成員之間，
個性差異大一點比較好。

團隊組成，一直是創業成敗的重要關鍵。但，要如何尋找合適的人選呢？找到之後，又該如何分配職務？

從許多成功的新創事業個案中，我們可以看見多種不同的組成方式。最常見的，是專業功能別的組成方式，例如印花樂三位共同創辦人，分別負責產品開發、業務、行政分工；鮮乳坊也是如此，創業團隊成員分別負責產品技術、行銷業務、總務分工。

前面提過，工作分工要能發揮成效，關鍵在於彼此應充分授權，但又能保持良好溝通，如此各司其職，才不會互相衝突。

例如，鮮乳坊剛開始創業時，分工較不清楚，常常有多頭馬車的情況。「我們三個人講的常常都不一樣，會讓內部覺得我們三個人很討厭，到底應該聽誰的？」共同創辦人林曉灣說：「我們一開始沒有發現這件事，是後來有同事不斷反映，我們才發現這個問題。」

不過，除了專業互補，我認為團隊組成也應重視「個性互補」。我發現，這一點經常被創業者所忽略，因為很多人誤以為既然會共同創業，應該在個性與處理事情的態度，有一定的相似之處，否則很難共事。但，根據我所接觸的個案，我發現正好相反，許多成功團隊成

> **搞砸了！因為……**
> - ✓ 分工不清楚，出現多頭馬車現象
> - ✓ 不會處理衝突，最後吵架翻臉
> - ✓ 團隊成員個性太類似，看問題有盲點

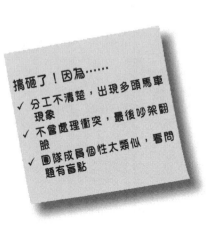

員之間往往個性差異很大，卻能巧妙地發揮互補功能。

所謂的個性互補，當然不是指個性差異大到彼此不認同或很難相處。我說的是一個人的性格，以及伴隨這種性格而來「處理事情的方式」。例如，有人個性很急、有人個性溫文儒雅等等。

「郭佑很衝，常常先做了再說。我跟龔建嘉傾向先想清楚了再做，算是比較猶豫不決的個性，一件事情會想很久，結果造成太多事情懸而未決。郭佑會受不了我們，直接採取行動。所以，我們公司很多事情都是他推動的。」林曉灣說：「這是我們不一樣的地方，有好有壞。有時候多虧他有所行動，我們才能到達下一個階段；當然，有時候他也會衝過頭。」

印花樂的三位共同創辦人，也有個性互補的例子。專業知識上，三人都是學設計出身；工作任務上，三人有明確分工，一位負責設計行銷，一位負責生產營運，一位負責行政財務人資。比較有意思的是，在個性上，三人各有特色，有人比較重創意，有人比較細心。

換言之，創業團隊個性上的互補，在團隊是否能順利運作上，扮演重要角色。

既然是互補，彼此對於經營有不同主張，就是非常正常的一件事了。與夥伴良好溝通，是創業團隊要學習的一門課。就算要吵架，也要學習學悅科技團隊之間的「健康吵架」。

「我們之間還蠻常吵架的，」學悅科技創辦人羅子為說：「但都是蠻健康的過程，如果對方做了什麼很爛的事，我們會直接告訴對方。」他幽默地表示，團隊之間「很認真在吵架」，「大家都是學理

無畏！因為……

- ✓ 創辦人的個性（指性格與處理事情的態度）互補
- ✓ 創辦人未必具備所有專業知能，必要時可以透過聘雇專業人士補足欠缺
- ✓ 認真溝通，瞭解彼此立場

工的阿宅，吵架也不會有什麼情緒。」

換言之，除了個性上互補，成員間要盡可能溝通，就算吵架，也是一種溝通的方式——鮮乳坊與學悅科技的案例，給我們很好的啟示。

25

組織文化

要先跟應徵者說清楚：為什麼一起奮鬥？

加入團隊之前，要清楚「為什麼一起奮鬥」，而不是「奮鬥後可以得到什麼」。

很多企業常會強調，組織文化是重要的競爭力來源。即便是新創事業，創業者往往也會常把組織文化掛在嘴上。

不過，組織文化分兩種。一種是刻意宣揚所塑造出來的，例如早年台灣很多製造業廠商會在員工周會上，宣揚品質優良的重要性，廠房內還會張貼許多「品質第一」、「品質優先」等標語，就是希望透過各種宣示、布達，塑造出一種重視品質的組織文化。

另一種組織文化，則是在長期潛移默化間形成的。例如，創辦人非常重視細節，也因此經常要求員工必須注重細節，久而久之，這家企業就會有一種重視細節的文化。

組織文化的確是許多企業核心競爭優勢的來源，例如3M的創新文化，就是舉世聞名的。該公司藉由周五員工自由日，讓員工可以去發揮自己想做的創新或創意的事，雖然不見得結果都是企業所需要的，但這種重視創新的組織文化，也因此深植在員工的DNA上。

那麼，新創企業或團隊是否需要在草創期就塑造特定的文化呢？創業初期要忙的事那麼多，要分心刻意宣揚與塑造組織文化嗎？

搞砸了！因為……
- ✓ 創業初期降低標準徵才
- ✓ 成員只想領薪水，不在乎價值主張
- ✓ 團隊沒有共享願景
- ✓ 新創事業尚未站穩，太早強調組織文化

就新創團隊而言，我認為團隊成員的「目標一體化」，會比「組

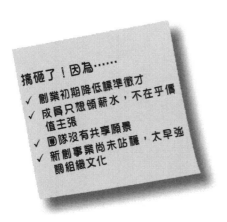

織文化塑造」來得更為重要。

在創業初期，團隊成員數量不多，可以透過目標一體化的形塑，讓創業團隊在創業方向上運作更為一致。接下來，隨著企業成長，組織規模愈大，要讓更多成員的目標一體化也更困難，這時候，企業就可以透過組織文化之形塑，來讓組織成員的行為與想法趨於一致，以達到目標一體化之目的。

這裡所指的「目標」，可分為「個人目標」與「組織目標」，「目標一體化」就是將個人目標與組織目標趨於一致性。

舉例來說，組織目標是要創造一個「減少塑膠汙染」的理念，若加入成員的理念也都是以此為目標，則個人與組織目標就一體化；但若加入成員只是為了新創團隊提供的其他誘因（例如預期將來公司ＩＰＯ所帶來的利益），「減少塑膠汙染」並不是他關心的主要目標，這就是個人目標與組織目標沒有一體化的情況。

從以立國際的案例來看，我們可以看到個人目標與組織目標一體化的重要性。二〇〇九年，以立國際推出菲律賓團，應徵者很多，但對於如何篩選，團隊成員的想法就與他產生衝突。

對於應徵者，「當然，你也可以根據面試資料選，但你也可以用性格測試，加上一些遊戲來瞭解他們的領導力，設計一些很具挑戰的活動，去確認他們適不適合菲律賓的環境。」他說：「但對我來講，只有後者才能夠選到最對的人。」後來也因此與團隊成員發生了許多不愉快。

「我覺得團隊成員 Shared Vision（共享願景）非常重要。」以立國際創辦人陳聖凱說：「回頭想，團隊成員之間各式各樣的摩擦，都來自於我們的願景不同。」

KumaWash 共同創辦人林宜儒也有相似的體悟。他自認比較重視價值主張、價值導向，有著滿懷的創業夢想，一心想要改變世界。但是，公司裡管車隊、洗衣廠的人員，有許多人並不想追求什麼夢想，他們「比較像來打工」，「這些人可能會為了另一份工作給他多一千元薪水就跳槽」，會告訴他「老闆我就來打零工，你跟我講使命、價值幹嘛？」

當創辦人的理念或想塑造出來的組織願景，與創業團隊夥伴的目標不一致，公司成員對於工作項目的見解與詮釋，就會出現差異，摩擦也無法避免。

因此，創業初期最簡單的「目標一體化」方法，就是選擇目標一致的創業團隊夥伴。

創業初期通常員工人數不多，要挑選目標一體化的創業夥伴機會較大，未來在很多面向的處理與溝通，就可大幅降低成本。

那麼，要如何找到目標一體化的創業夥伴呢？

我認為招募或選擇創業團隊時，可以透過提出一個問題，來協助你研判。這個問題就是：

你「為什麼」要加入我們的團隊？

我非常喜歡賽門・西奈克（Simon Sinek）的著作《先問，為什麼？啟動你的感召領導力》（Start with Why: How Great Leaders Inspire Everyone to Take Action），書中提及偉大的領導者之所以成功，都是因為追隨者知道自己「為什麼」（why）做這件事情，而非做這件事達到「什麼」（what）結果。

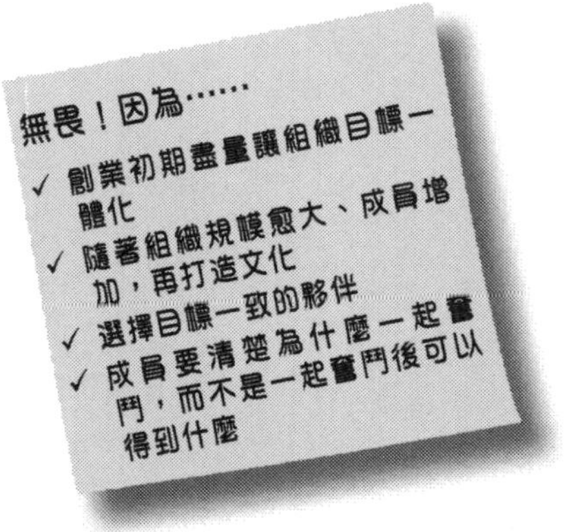

無畏！因為……
✓ 創業初期盡量讓組織目標一體化
✓ 隨著組織規模愈大、成員增加，再打造文化
✓ 選擇目標一致的夥伴
✓ 成員要清楚為什麼一起奮鬥，而不是一起奮鬥後可以得到什麼

當創業夥伴一同做這件事的理

念與組織是一致的，則目標一體化比較容易實現。例如，以立國際，倘若團隊中的學生加入的目的，不是只為了暑期打工，而是認同以立國際創辦人的理念，那麼相信團隊的運作將會順暢許多。

26

股權結構

遇到重大議案，你需要三分之二股權

團隊股權分配，
要看創辦人對團隊成員的掌握能力。

股權結構是每一個創業團隊必修之課題。

當然，相關的細節很多，建議你要多與會計師、律師請教。因為依據《公司法》的相關規定，如果你的股權比例設計不當，很可能會影響到日後的經營管理決策。

搞砸了！因為……

- ✓ 股權結構設計不當，創辦人無法決定公司大方向
- ✓ 主要股東彼此間契合度不理想

舉個例子來說，很多創業家或許知道，當持有股權超過五〇%，代表擁有相對控制權。當你的股權不足五〇%，就有可能失去對公司的掌控權，有時甚至會有被掃地出門的風險。

就像多扶接送創辦人許佐夫，在上創櫃版時股權被稀釋一次，後來股權交換又導致他在公司的持股低於一半。「會計師提醒我，以這樣的股權結構，哪天開董事會，我很可能像賈伯斯一樣被開除。」他無奈地說：「但我沒辦法，一來是資金不夠，二來也完全沒想到會遇到這種情形。」

無畏！因為……

✓ 股權結構讓創辦人對成員有掌握力

✓ 創辦人與核心團隊持有大部分股權

除此之外，很多人沒注意到的是：依據《公司法》規定，重大議案要有絕對控制權，需要掌握過三分之二的股權。所以，這也意味著當你要「否決」重大議案時，須掌握三分之一以上的股權才行。

以下五種股權比率，是你在創業時就應該要知道的。其中，有些大家比較熟悉，例如當你持股超過五一％，你就擁有相對控制權；當你持股超過六七％，你將擁有絕對控制權。不過，也有些是我發現很多創業者不太理解的，例如當你持有一家公司三

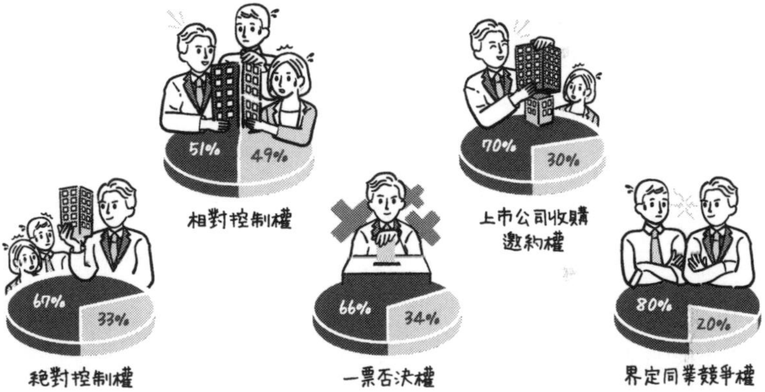

股權結構與決策權

〇%股權*，你就可以進行收購邀約權；當你持有二〇%股權，你就會受到同業競爭相關規定的限制等。

至於實際創業團隊常見的股權分配，是大家平均持有，例如兩位共同創辦人，就各持有五〇%；若是三位共同創辦人，則各持有三分之一，以此類推。這樣的股權結構是否能順利運作，得視團隊成員的組成而定。例如，印花樂的股權為三位共同創辦人均分（負責人比重多一點），基本上，目前為止運作十分順暢，並無均分股權所可能出現的紛爭。學悅科技也是如此，創辦人羅子為說：「我們幾位創辦人大家都投一樣多錢，股份也是一樣多的。」

因此，重點要看創辦人對團隊成員的掌握能力，若團隊成員間的契合度不理想，那麼由創業者或核心團隊持有大部分股權，也不失為一個好方法。

*公司法第一八五條

公司為下列行為，應有代表已發行股份總數三分之二以上股東出席之股東會，以出席股東表決權過半數之同意行之：

一、締結、變更或終止關於出租全部營業，委託經營或與他人經常共同經營之契約。

二、讓與全部或主要部分之營業或財產。

三、受讓他人全部營業或財產，對公司營運有重大影響。

公開發行股票之公司，出席股東之股份總數不足前項定額者，得以有代表已發行股份總數過半數股東之出席，出席股東表決權三分之二以上之同意行之。

前二項出席股東股份總數及表決權數，章程有較高之規定者，從其規定。

第一項之議案，應由有三分之二以上董事出席之董事會，以出席董事過半數之決議提出之。

27

技術股

技術股要給真正有「技術」的成員

部分技術股、部分投資認股，
能提高投入的意願。

許多新創事業初期，會藉由股權設計——例如提供所謂的「技術股」，來吸引重要團隊成員。尤其是當共同創辦人自有資金不足時，常會用技術股的方式，邀請擁有技術或特殊資源的成員加入團隊。

然而，技術股的設計，也是造成最多經營糾紛的因素之一。

技術股之所以容易引起糾紛，原因很多。舉例來說，一項技術能力到底值多少錢？應該拿多少股票才合理？其實，很難計算出來。很多技術在創業初期根本無法掌握其價值，如何估值也莫衷一是，更遑論作為技術股的計算基礎。

當團隊中有些人是拿錢出來投資，有些人是用技術交換股權，就很容易引起糾紛。

另外，是技術團隊的承諾程度，往往很難評估。因為技術仍然在這些成員身上，就算公司失敗了，他們仍可帶著技術投入下一家新創公司。這也是為什麼，有時候一些擁有技術股的團隊成員，不一定會全心全力為公司發展而奮鬥。

多扶接送創業時，就曾有一位夥伴完全沒有拿錢投資，而是取得技術股。「因為他也沒什麼錢，所以我們用技術股的方式讓他可以參與入股。可是，隨著理念的不同，

搞砸了！因為……

- ✓ 技術股規畫過於草率
- ✓ 擁有技術股的成員半途離開

他很快退出團隊。」多扶接送許佐夫的這段經驗，相信很多人也曾經歷過。

關於技術股的分配，其實是很專業的一門學問，創業者都應該先多向有經驗的專家請教、找工具書來閱讀或是上課。我們從「搞砸之夜」的新創企業身上發現幾個共同的現象，整理出幾個小提醒：

無畏！因為……

- ✓ 請成員出資認股，提高奮鬥意願
- ✓ 技術股只給真正擁有獨特、不可替代知能或技術的成員
- ✓ 有些人才可用聘雇方式加入團隊，未必要透過技術股

首先，對於擁有技術能力的團隊成員，若要提供技術股、邀請對方成為股東，最好能請他「同時」投入部分資金，也就是部分技術股、部分投資認股。這樣一來，會讓對方更願意提高投入的程度。

其次，若創業者需要的是具備經驗、專業知識甚至滿腔熱情的人

才，有時候未必要透過技術股，而是可以用單純的聘雇關係來處理，除非對方具備獨特、不可替代的知能技術。

另外，一般員工認股權的分配也應採取同樣的原則：鼓勵員工出一點錢投資，創業團隊可以提供較優惠條件供員工認購股份。這樣一來，能有效提高員工投入的程度，也更能與公司產生共同創業的情感連結。

28

靠理念留住員工

別光講理念，要有好的薪資與獎勵制度

合理的與員工關係應該建立在資源交換基礎上，再輔以理念與信仰來強化組織與員工之關係。

許多新創事業草創初期欠缺資源與資金，因此除了提供技術股作為誘因，通常也會對團隊成員訴諸理念與信仰。前面我們曾談到，理念與組織文化的重要性，因此許多創辦人會透過組織文化，鼓勵團隊成員為了組織犧牲自我（我覺得塑造組織文化最厲害的組織是宗教團體，這些團體非常懂得透過信仰與信念，來凝聚團體向心力）。

但，是否代表創業初期，就可以省略獎金與獎勵措施呢？

當然不可以。KumaWash 共同創辦人林宜儒很早就發現，員工非常重視薪水、獎金高低。「我花很多時間在調整獎懲制度、績效考核評估，我發現員工在乎這些制度的程度比我想像中高很多。」

這也正是為什麼多扶接送創辦人許佐夫從一開始創業，就不訴求悲情，不訴求愛心，也不訴求孝順，而是提供一套很簡單的獎金制來獎勵員工。「到現在還是會有人不認同我這個做法，會覺得我們怎麼可以實行獎金制，我們不是應該做愛心嗎？」許佐夫說，提供獎金制是一種同理心的展現，也是他的管理工具之一。「我的要求很高，重賞之下才會有人願意忍受我的嘮叨，才能夠把工作做好。」

畢竟，創業團隊是事業經營單位，是營利導向的。成員加入團隊

搞砸了！因為……

- ✓ 用創業理念來綁組織成員，忽略獎勵制度的重要性
- ✓ 以為光靠發獎金就可以激勵員工

雖然也有理念信仰，但創業者應該理解，員工受雇於組織，基本上就是一種資源交換的概念——員工提供個人知能與努力，以換取組織給予的報酬；組織透過員工所貢獻知能與努力，換取顧客帶來的報酬。這一連串的資源交換，未必涉及理念與信仰，因此，合理的與員工關係應該建立在資源交換基礎上，再輔以理念與信仰來強化組織與員工之關係。

創業者應該要明白，薪資待遇與獎金制度是讓員工達到「短期均衡」的方法（也就是讓員工短期內滿意這份工作，因為從公司取得的報酬等於短期期望值），而理念與信仰，能讓員工達到「長期均衡」（讓員工長期滿意自己這份工作，長期從公司取得之報酬，等於長期期望值）。

有些創辦人誤以為，只要理念相同，就能同甘共苦，一起努力。錯了，那是創辦人與共同創辦人的角色，不是團隊員工角色。創辦人與共同創辦人本來就是犧牲他們的短期均衡來成就長期均衡，當企業愈成功，長期均衡滿足愈大，這也是創業的魅力與原動力。

相反地，如果連員工的基本需求都無法滿足，雇傭關係也不容易長久。「我們在創辦第三年時，曾經面臨公司現金不足的問題，」Impact Hub Taipei 共同創辦人陳昱築回憶說：「為了要付其他固定支出的費用，我們曾有一次硬著頭皮跟員工說，公司薪水要到下個月初才能發，後來有位員工在不到半年的期間就離職了。」

創業者都要理解，就短期而言，員工在公司工作，當然希望換取合理報酬與激勵獎金，因此要確保員工個人需求得以被滿足，這樣大家才願意繼續在組織內提供服務與貢獻。

若公司長期存在、持續成長下去，甚至成為一家知名企業時，才來考慮透過理念與信仰，讓員工認同並願意長期待在組織內。如果能成為上市企業、知名度高，員工在股票上擁有的財富，也是一種滿足。

但是，如果你反其道而行，創業初期一直用長期均衡的工具（也就是理念與信仰）來替代滿足員工短期均衡的方法（也就是薪資待遇與獎金），員工就算認同理念，在短期均衡無法滿足時，依然會離開公司。

善用「期待理論」

關於激勵制度的設計，當然不是三言兩語就能說完的，大體上設計時應秉持「期待理論」的基本精神，也就是：「個人努力」影響「個人績效」、「個人績效」需要「激勵方案」（也就是適當報酬）、而「激勵方案」能滿足「個人需求」，當「個人需求」被滿足，又會回過頭來驅動個人更努力。

期待理論重視的，是企業如何透過激勵方案來驅動員工努力工作，讓個人績效達到組織設定之目標。下圖中每一個箭頭的連結都是必要的，任何一個箭頭的斷裂，就無法達到期待理論的效果。

以我過去的經驗來看，許多企業只重視「個人努力」與「個人績效」之間的連結，但它們在「激勵方案」上的設計，卻無法對「個人績效」帶來理想的激勵效果，更遑論滿足「個人需求」，當然也無法回過頭來驅動「個人努力」行為。

最常見的例子就是許多國家政府機關的激勵制度，往往造成公務人員

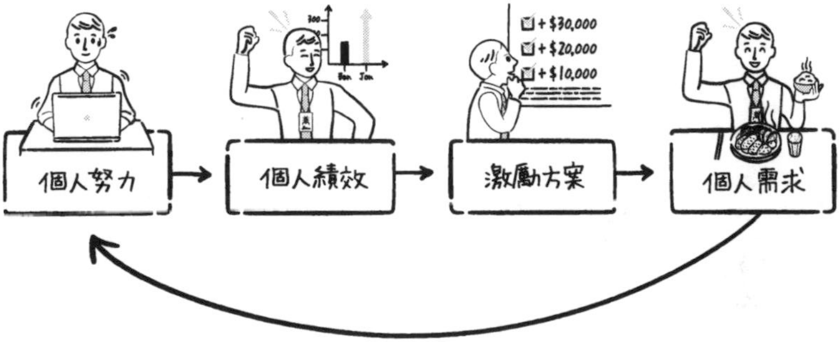

善用期待理論激勵團隊

的服務品質不容易提昇。

還有，我發現許多企業也不夠重視「個人績效」與「個人努力」之間的連結。舉例來說，我們常可聽到企業強調教育與傳承之重要性，希望主管能將一身武藝傳授給部屬，但主管的績效考核中，卻很少有「教育部屬」這一項，所以當然無法透過績效設定驅動主管努力。這種現象不僅存在中小企業，連大企業也有類似的現象。

當然，對於新創事業而言，也不見得需要在草創期就設計這麼精密的激勵方案與制度，但其基本精神不應偏離期待理論。新創事業需要注意的，是期待理論中的個人績效設定是否有助於組織目標達成。

無畏！因為……

- ✓ 重視員工的短期均衡與長期均衡
- ✓ 不能要求員工像創辦人一樣犧牲短期均衡
- ✓ 善用期待理論，形成正向循環
- ✓ 確保個人績效設定有助於組織目標達成

因為，通常新創事業的組織發展與目標都還在修正與調整，相對應的個人績效設定也比較不明確，有時候個人績效設定與組織目標之間沒有連結，在這種情況下，就算員工很努力，卻未必能達成組織目標，這是新創事業要特別注意的地方。

29

制度化迷思
別老想建立制度，你更需要的是彈性

創業初期，

企業不宜花費太多時間在訂定詳細制度與規範。

我最常被創辦人問到的問題之一，就是新創企業是否應該從成立時，就建立良好完善的制度與規範？

這是一個很重要的問題，一方面，大多數創業家會覺得公司草創期，萬事起頭難，求生存已經很不容易了，哪有時間去管細節與制度的問題？但另一方面，正如我們前面提到的，許多創業家在創業之前都曾服務於大企業，或是上過管理課程，深知制度的重要性。該怎麼辦？

我認為創業初期，企業不宜花費太多時間在訂定詳細制度與規範。原因很多：

首先，創業初期當然是以存活下來為主要目標，「先求有，再求精」應該是許多創業家的共同心聲。尤其是在人員不多的情況下，溝通成本相對不高，老闆指示一下就可以，不用訂定什麼制度與規範，團隊成員以業務開拓為優先任務。

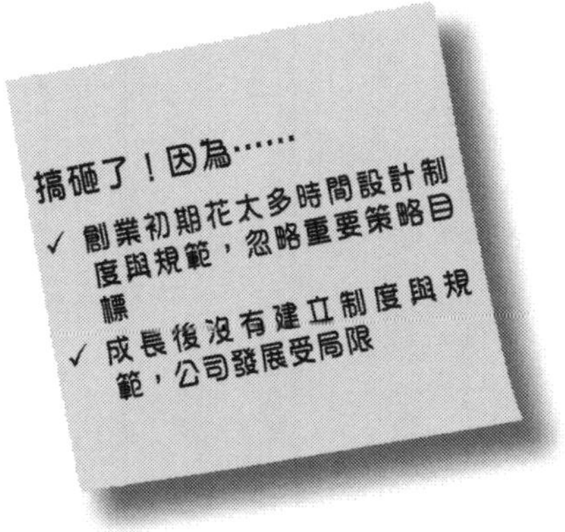

搞砸了！因為……
✓ 創業初期花太多時間設計制度與規範，忽略重要策略目標
✓ 成長後沒有建立制度與規範，公司發展受局限

其次，每一家新創企業的方向與策略目標，都是隨時調整與修正，若創業一開始就將公司制度與規範詳細訂定，當策略與營運方向轉變或修正時，制度與規範也許得

隨之修正，這樣一來，會耗費許多時間在訂定制度與規範上。

當然也有一些新創團隊為了保持創意與創新文化，對於制度與規範的訂定持保留態度，免得扼殺、抑制團隊成員的創新與創意。不過，我認為制度規範與創新創意應該不是互斥的，許多以創新能力聞名的世界級大企業，其實同樣很重視制度。制度與規範應該應用在管理層面，不應影響到創新與創意。若你發現自己所訂出的制度已經影響到公司的創新與創意，就應適時調整與修正。

例如，學悅科技創辦人羅子為就曾經分享，創業初期考慮過制定各種績效指標來管理團隊，但是後來改變了想法。「我後來覺得新創要成功，就要把複雜的簡單化，訂那些流程真的太耗費時間了。」他說，與其制定一堆的規章，常常得找大家到會議室開會，還不如直接將任務相關的成員安排在相鄰座位，「每天只要轉過頭問旁邊『欸，產品做好沒？』比起召開正式會議，這樣不是更有效率嗎？」

「當公司走向制度化，有了更多SOP（標準作業程序）跟Workflow（工作流程），其實對於同事來講都是一種限制。」以立國際創辦人陳聖凱也說。

因此，當公司規模仍小的階段，可以不用採取過於嚴格的規範，然而，隨著公司組織與業務規模成長，就得靠制度與規範來管理。過去，我們時常看到一種現象，就是當新創事業營收成長一倍、公司員工增加五成，結果獲利卻從盈利轉為虧損。為什麼會如此？就是因為管理的邊際成本增加的幅度，大於組織規模的邊際效益增長。

組織規模變大，為何管理成本會增加呢？主要是跟控制幅度（Span of Control）有關。控制幅度指一位管理者可以管理幾位部屬，若控制幅度為四，代表一位管理者可以掌握管理四位部屬。控制幅度愈大，代表管理部屬人數愈多，也代表組織層級可以更扁平化。組織層級扁平，代表溝通效率較高。

反之，層級愈多，溝通效率愈差，成本愈高。當組織規模變大時，員工人數增加，若控制幅度無法增加，勢必會讓溝通成本增加。故透過制度化可以協助管理者控制幅度增加，進而降低因組織規模變大所產生之管理成本。

這時候，新創企業需要的是制度化管理，以因應組織規模變大所造成的管理成本（包括各種不必要的浪費與溝通成本）增加。

創業者要知道，透過制度化管理，不代表放棄組織共同理念與信仰。理念與信仰之組織文化可以是軟性的管理方式，來輔助硬性的管理制度。新創企業的管理模式會隨著組織規模的成長，由軟轉硬。

「我們一開始希望組織是扁平的，希望每一個人都平等，所有資訊都是公開的，大家好像都很嚮往這種自由民主的環境。」林曉灣說：「但是，這在管理上，成本很高。我們剛開始對管理是沒有概念的，所以沒有去想培養大家的管理能力。我們都是單兵作戰，結果每個人愈來愈強，反而更沒辦法團隊合作。」

有一段期間，鮮乳坊的團隊採取分組方式，讓做得最好的人當組長。然而，「當組長的人往往不知道自己該做什麼，好像有做比較多事、大家對他有更多期待，但其實產出反而更低。」她回憶說。

有一度，她一個人要帶領二十人，「那時候比較痛苦，」她說，因為所有的人都直接對她負責，所有情報與資訊都會到她身上，「但，我不一定能辨認哪些事情是比較重要的。」

她建議：「如果能培養一個管理者，帶三到四個人，只有真的無法解決的事情，才會到我這裡。」

這就是制度化處理結構性問題

無畏！因為……

- ✓ 創業初期以存活下來為主要目標，先求有，再求精
- ✓ 避免訂定明確的制度，以免團隊思想僵固，扼殺創新
- ✓ 規模小以理念信仰管理，規模成長後朝制度化管理

與例規的好處，這樣才能讓管理者可以處理更多非結構性的問題，才能讓管理者的控制幅度增大，讓企業可以突破中小企業瓶頸，邁向大企業發展。

30

IPO

要不要IPO？看你對資源的需求程度與急迫性

踏上IPO之前，

創業者心中要有長遠的發展計畫。

最後，我們來談一下IPO。今天很多新創團隊，都以IPO（Initial Public Offerings，初次公開發行，也就是台灣俗稱的上市上櫃）為最重要的成功指標，並以IPO當成整個團隊努力的目標。

許多創業家或是投資者會期望，自己所投資的新創事業有一天可以IPO，主要是因為這是財富倍數化的重要工具。一旦IPO，公司的市值很可能遠比公司營運所創造的營收還要大許多，為股東創造龐大財富。

以特斯拉為例，二〇二〇年營收約為二百四十五億美元，但在二〇二〇年八月二十七日IPO當天，市值一口氣飆漲到四千億美元，若持有特斯拉一〇%股權，當天的總持有市值就高達四百億美元；也就是說，該公司一年的營收都無法帶給股東這麼大的財富。這也是為什麼創業家前仆後繼，都希望自己的公司能走上IPO的重要誘因。

> **搞砸了！因為……**
> - ✓ 一心急著想要IPO，卻沒有長遠計畫
> - ✓ 為了IPO不斷募資，最後造成創業團隊的股權被稀釋

如果你很清楚自己IPO的目的，也知道過程中可能付出的代價，當然很棒，我們鼓勵你全力以赴。

不過，並不是每一家企業都會IPO。例如，我們知道有很多賺

錢的公司，並不會走上ＩＰＯ一途。原因很多，首先，公司營運已經為股東帶來龐大獲利，不需要靠ＩＰＯ。其次，創辦人們想要完全掌控這家公司，不希望股權因ＩＰＯ而被稀釋。

無論在美國或台灣，ＩＰＯ一直是創業圈中的熱門話題，也因此我們發現有些創業者，似乎理所當然地認為就該以ＩＰＯ為經營目標，對於ＩＰＯ的功能與代價，並未有足夠的理解。

首先，ＩＰＯ很重要目的之一，是希望用股權換取市場上更多資金，以便取得更多資源去快速發展事業。

其次，ＩＰＯ之後，經營好的公司，未來價值愈高，股價也會上漲。這時，公司可以透過質押股票，向金融機構借錢，從事更多投資，進一步擴展版圖。

然而，ＩＰＯ也意味著創業團隊股權會被稀釋，有時候股權持有比率比外部股東還低。

這也就是為什麼ＩＰＯ並不只是實現短期致富目標的方法而已，而是一家新創事業更上層樓的基石。踏上ＩＰＯ之前，創業者心中都要有長遠的發展計畫。

當然，有計畫也未必需要ＩＰＯ。很多企業會用盈餘去擴展版圖。但是，如果正好遇到很好的機會，卻缺乏資金時，ＩＰＯ會是最快的選擇。換言之，ＩＰＯ與否，取決於創辦人對事業資源的需求程度與急迫性而定。

無畏！因為……

- ✓ 明白IPO不只是實現短期致富目標，而是新創事業更上層樓的基石
- ✓ IPO與否，取決於創辦人對事業資源的需求程度與急迫性而定

結語—接下來呢？無畏啦！

失敗很正常，如果沒有經歷失敗，表示你還不夠創新。

伊隆．馬斯克（Elon Musk，Space X 執行長）

以上是我們採訪了許多台灣新創企業家，聽他們分享「搞砸」經驗後，整理的三十個常見迷思。如果你也曾創業，或許對於這些迷思並不陌生。你不需一口氣讀完，也不必按著順序看，可以放在書桌上有空時翻一翻，或是在遇到難關時拿起來讀一讀。

當然，就算破解了書中所點出的迷思，也不能保證你創業一定成功（創業搞砸的原因實在太多了），但我們衷心希望，書中的三十個處方，能有效降低你失敗的風險。

在不同階段，掌握不同的策略發展重心

所有新創事業的創辦人都必須知道，經營環境不斷在改變，組織也不斷在調整，一定要隨著企業邁入不同的階段，採取不一樣的策略。

前述所提到的商業項目、創辦人、創辦團隊，在企業發展的不同階段，都必須有所調整。你可以依據自己事業的發展程度，參照下表中的說明，找出最適合自己的策略。

商業項目

首先，新創事業存活期的重要策略精神，是設法「從零到一」。創業家可以透過精實創業、邊做邊學的方式，找出可規模化的「ＭＶＰ」（Minimum Viable Product），度過存活期。

接下來，邁入成功期的策略精神，是如何將「一擴展到十或

百」，也就是驗證商業模式「規模化」的各種假設與前提。一般來說，當一家新創事業度過存活期與成功期之後，要事先發展出第二、甚至第三條成長曲線，才能避免陷入成長停滯，也是企業是否能永續成長的重要關鍵因素。

當企業順利邁向永續期，經營者就應

	存活 (Survive)	成功 (Succeed)	永續 (Sustain)
商業項目	MVP 精實創業	規模化	第二條成長曲線 多角化／轉型策略
創辦人	親力親為 專一	授權	創業家精神
團隊／組織	多能功 敏捷管理	專業分工 制度化	動態能力

新創事業 3S 階段之策略重心

將多角化策略與轉型策略，作為這個階段商業項目的策略重心。

創辦人

創辦人在存活期階段，通常是親力親為，掌控所有的事，很快地反應外在環境的變化。創辦人大多是集中精神於一項事業，全力將該新創事業做好。

一旦新創事業邁入成功階段，創辦人的授權，就顯得十分重要。因為企業涉及的事務變得更多、更複雜，再也無法像過去那樣，所有的決策與執行都由創辦人拍板，否則就會影響決策時效性與決策品質。雖然有些企業強調組織扁平，創辦人仍然能更貼近第一線的經營管理，不過因為前面提到的「控制幅度」（Span of Control）局限，創辦人不可能在管理上涉入太多面向。

更重要的是，新創事業初期的成功，通常會帶來更多機會，這時候的創辦人，要思考哪些事情可行、哪些不該做。拒絕合作邀約、避開不該做的事，也是創辦人是否能將新創事業帶向永續的關鍵要素。

換言之，創辦人在成功期的角色，與存活期的角色是截然不同的。很多創業家忽略了這個問題的重要性，往往在成功期時，依舊大權掌握不下放，事必躬親，累死自己也影響決策時效性。

當進入永續期，企業在發展第二或是第三、第四條成長曲線時，創辦人是否能維持原有創業家精神，亦是十分關鍵的。從過去案例來看，能持續找到並成功開拓第二條成長曲線的創辦人，都保持與生存階段相同的創新、積極、冒險進取的創業家精神。

創辦團隊

新創事業初期，團隊成員目標大致上與創辦人一致。創業維艱和資源限制，導致創業團隊每個人都像有三頭六臂似的，同時肩負數個工作任務與專長。因此，新創事業在存活期，不應過度重視專業分工，讓團隊有更大的彈性空間，來因應策略改變下的調整。

邁入成功階段的新創事業，最重要策略目標為「成長」與「規模化」。到了這個階段，企業的團隊不可再像過去那樣不講究分工、每個人都三頭六臂，相反地，專業分工將是成功期企業的重要特色。新創事業若能順利地將組織任務專業化分工，企業的執行會更有效率，也愈有機會突破成長的瓶頸。

另外，如何將最優秀的專業分工人才，融入原有的創業團隊，與創辦人共享當初創業的理念，將是成功期最大的挑戰。過去的案例顯示，新加入團隊成員與原始成員間的不協調，往往是阻礙新創事業成長的重要因素之一。

最後，進入永續期的企業，通常會發展出新事業——也就是所謂的「第二條成長曲線」。這時，企業必須發展出組織的動態能力

（Dynamic Capability），以因應外在環境的改變，調整企業內部的資源與知能。新事業若是與本業非相關的事業，則必須考慮與舊事業團隊之間有所區分和切割。

雖然對任何企業而言，以上三個階段都非常重要，但本書篇幅著重於新創事業。不僅是因為新創事業容易搞砸、失敗率高，也因為新創事業所面臨的許多實際問題，往往不容易在教科書中獲得解答。創辦人通常得邊做邊學，在嘗試錯誤中成長。

除了前述提到的三十個迷思，另外還有許多常見疑問，往往困擾著新創事業。舉例來說，很多新創事業都對群眾募資趨之若鶩，但也常看到搞砸的案例，到底群眾募資好不好？還有，政府近年來針對新創事業提供各種獎勵或補助，到底該不該去申請？許多單位舉辦創業競賽，還提供業師協助，創業團隊又該如何與業師互動？

另外還有一個更實際、卻也更少文獻討論的課題是：對新創事業而言，辦公室該怎麼找？共享空間好不好？如何評估？

接下來，我們就來談談這幾個很實際、卻較少被探討的課題，希望能對讀者有所啟發。

群眾募資很好，但別搞砸了

近年來，群眾募資成為全球新創事業募集資金與資源的熱門平台，台灣也不例外，二〇二〇年的群眾募資總金額突破十億元新台幣，創下歷史新高。

在「搞砸之夜」上分享故事的創業家當中，也有許多人曾有群眾募資經驗。例如鮮乳坊，早在二〇一五年初就投入第一個群眾募資計畫「白色的力量：自己的牛奶自己救」。該計畫在 Flying V 上集資，原本設定目標是一百萬元，募款期間為兩個月，沒想到募資案上架後第三天，集資金額即突破一百萬元，一周後超過兩百萬元，最後獲得近五千人贊助、共募集六百零八萬元。

意外的成功，讓鮮乳坊差點搞砸。

「其實，剛開始知道計畫上線三天就達標後，我還在猶豫要不要投入這個計畫。後來看到金額愈來愈多時，我才開始警覺，這不是開玩笑的，好像該開始認真思考了，但我不可能全心全力投入創業，我還是必須花很多時間在牧場裡，所以我開始找幫手。」鮮乳坊共同創辦人龔建嘉醫師說：「一開始募資很成功，意味著我們馬上就有五千筆訂單要出貨，這就是很痛苦的一件事，」鮮乳坊共同創辦人林曉灣回憶：「因為我們只有三個人，再加上我們自以為聰明，把訂購方案搞得很複雜，結果光是處理訂單，我們就花了好幾個禮拜。」

還有，當初開始群眾募資時，其實鮮乳坊只有乳源，連瓶子都沒有設計，也沒有談到代工廠。募資成功後，團隊開始拜訪一大堆代工廠才發現，好多廠商都不願接他們的訂單。「代工廠是另一件被我們搞砸的事，一方面他們覺得我們規模很小，怕我們會倒、沒錢付他們；一方面是其他大廠施壓，有一些廠很明白地告訴我們，大廠要他們不能幫我們代工。所以，當時我們就只有鮮乳，卻不知道怎麼把鮮乳裝瓶、出貨給消費者。」

「我們每天都在一邊解決先前搞砸的事、一邊製造更多搞砸的事。」林曉灣說。

鮮乳坊的案例告訴我們：就算募資宣傳與募資成功，仍然可能會搞砸。幸好，三位創辦人一起努力以赴，才免於走上搞砸之路——這就是精實創業的成功範例。之所以免於搞砸，有幾個關鍵成功因素。首先，創辦人親力親為，鮮乳坊創辦人會騎著機車、親自送貨給消費者。其次，是募資總收入六百多萬元，訂單規模尚在可控制範圍內，有些訂單只要在三個月內分期交貨即可，這也讓鮮乳坊的新創團隊有犯錯試錯的空間。

換言之，對於一個剛成立的新創團隊，且商業計畫從未被執行過，若要上架群眾募資平台，案子最好維持小規模，直到相對應支援與合作已經安排就緒，才進行大規模的市場測試。

台灣的群眾募資平台比較像是新產品試水溫、測試市場需求的地方。愈來愈多新創事業將自己的新產品，先放到群眾募資平台上，觀察需求狀況。當需求達到一定目標後，才會開模並生產原型。

值得注意的是，雖然這麼做可以降低新創事業初期的投資風險，但也不是沒有其他威脅的。舉例來說，倘若你在產品尚未開發出來的情況下，就將產品概念上架至群眾募資平台上，就有可能發生產品被模仿的風險。「嘖嘖杯」事件，就是個典型的搞砸故事。

當時，標榜環保概念的「嘖嘖杯」，在募資平台上兩個月內，就獲得超過萬人支持，募得上千萬元。原本創辦人與團隊開心地準備生產與交貨，但沒想到突然發現市場上出現極為類似的產品「巧力杯」，不僅價格更便宜，且已經可以交貨。

總而言之，水能載舟亦能覆舟，群眾募資平台可以讓創業家在欠缺資源時募得第一桶金，但也會讓創意公諸於世，面臨高度被模仿的風險。

在利用群眾募資平台募資或測試市場需求之前，新創團隊務必確保技術受到保護，所有相關支援活動都已經安排好，找到可信任的合作夥伴。否則，貿然將創意上架只會提供潛在競爭者模仿的機會。

政府補助該不該拿？

政府為了營造創新創業生態系統，近年來推出多種政策，例如發放補貼獎勵金、提供創業競賽獎金，或是透過股權投資（例如台灣的國發基金就有相關的計畫）。對於發展初期資源匱乏的新創事業，政府補貼確實帶來較佳的生存機會，除了可以取得資金，更重要的是聲譽效益——當股東中包含政府資金，通常意味著發展頗具潛力，連政府都願意持股。

我曾經針對台灣科技公司研發合作與創新績效進行研究，其中一項研究發現是：從政府部門透過技術移轉而成立的新創事業、與政府合作研發的廠商，在創新績效上通常優於「直接拿政府補助金」的廠商。也就是說，接受政府補助金，反而可能造成新創事業喪失戰鬥能力。

這主要是因為台灣許多補貼政策，重視審查前與執行過程中的審核，對於結果產出反而要求不多，造成許多企業申請到相關補貼後，先用來填補企業營運資金上的短缺，把研發活動擺一邊，並未遵守申請計畫時的承諾。

「我們剛開始創業時，正好政府正推出社會企業政策，因此提供很多補助，」Impact Hub Taipei 共同創辦人陳昱築說：「但是，那時我們沒有去申請，因為很多前輩告誡我們，政府補助或許是一桶美味又營養的奶水，但取得了之後，可能會讓我們依賴這種資金，反而無法專注於自己本來想做的事情。」

相反地，當一個產業中的新創事業無法取得政府補助，只能用自己的資源來經營，有時反而能帶來新的契機。例如，多扶接送就是一個值得探討的個案。長期以來，這門為身心障礙者、銀髮族群、行動不便者提供接送等服務的產業，在接受政府補助下已經建立穩定的商業模式，新進者往往很難與其競爭。多扶接送的新創團隊發現，與其用盡心思爭取政府補助，不如重新檢視現有營運方式，採取無補助下的創新商業模式，結果反而殺出一條血路。

「這行業實在太特別了，過去沒人想到這行業可以有純民營、不接受政府補助的商業模式。」多扶接送創辦人許佐夫說：「我們是台灣第一家完全不拿政府補助的業者。」

當然，這裡只是提醒新創事業在接受政府資金補助時，應有正確的態度與觀念，並非全盤否定政府補助的效益。相反地，我們認為新創事業初期若有政府資源抑注或補貼，確實可以解決資源稀缺之問題，KumaWash就是一個很好的案例。「一般創業者不喜歡拿政府補助的錢，」KumaWash共同創辦人林宜儒說：「但是，我覺得重點在於務實且謙卑地接受補助。國家希望我們創造就業機會、提升經濟、鼓勵強大產業。如果我們不爭取，結果被比較遜的團隊拿走，那就可惜了。」

美好共享空間，整棟都是貴人

另外，還有一個對新創團隊而言，很實際、但很少有商管書籍觸及的課題：辦公地點。

對一個資源稀缺且商業計畫存在高度不確定性的新創公司來說，擁有一棟專屬的辦公室，可能是種奢侈的享受。早期許多新創公司，要嘛得在還沒收入的時候，就花錢租賃、裝潢辦公室，要嘛就得先窩在自己家裡創業。

在美國，許多早期創業家的發跡地就是自家車庫或學校宿舍。例如，亞馬遜、蘋果電腦等，類似的故事我們都聽多了。不過，這些故事告訴我們一個道理：只要是好的商業項目，哪怕創業初期環境艱難，也不會影響到後來的成功。

今天，全球創業環境已經大幅改善，除了有許多創業基地、孵化器與加速器外，台灣許多大專院校都有成立創新創業基地，提供學生新創團隊等進駐辦公的空間。此外，共享空間雨後春筍般出現，對於資源有限的新創團隊而言，也是一大福音。那麼，要如何挑選共享空間呢？

有些創辦人重視空間是否夠豪華，覺得豪華才有面子；有些創辦人則正好相反，認為公司草創期能省則省，盡量找免費或便宜空間。例如，有些創業競賽會免費提供空間，所以有些團隊為了省下租金，不斷藉由參加競賽進駐這些空間，我稱這種團隊為「共享空間浪人」——哪裡知名或哪裡免費，就往哪裡進駐，等到這個空間開始收費，再尋找下一個免費空間進駐。

省錢當然重要，不過創辦人也要避免因小失大。因為我們認為，創辦人在挑選理想創業空間時，應先思考進駐空間的目的，並且重視空間是否能為新創團隊提供實質的效益。舉例來說，倘若進駐共享空間的團隊素質有一定的水平，會出現彼此鼓舞與激勵的效力。倘若共享空間內提供足夠的對接資源，新創團隊還可以在需要資源時獲得協助。另外，有些共享空間會定期為進駐團隊舉辦活動，如知識分享或經營經驗分享等。有些共享空間還能替進駐團隊創造更多成長的機會，引進創投基金等策略合作夥伴。

在選擇共享空間上，鮮乳坊的經驗就很值得參考。「整棟樓都是貴人。」鮮乳坊共同創辦人林曉灣回憶創辦時的共享空間時說：「那時候我們只租了兩個位子，卻塞了八個人，用了一整層的空間，還把包材、紙箱堆在樓梯間和儲藏室等。當時覺得對其他團隊很抱歉，但也沒有別的選擇，只能厚著臉皮撐下去。」

然而，當時共享空間的其他團隊非但不介意，甚至還主動提供協助。「在我們一片混亂時，一樓幫我們招募人來配送鮮奶，二樓借我們冰箱，」林曉灣非常感激地說：「這一切如果要我們花錢，我們是花不起的。」

總之，在新創事業非常初期成立階段，創辦人不妨好好利用創業共享空間，除了可以降低成本支出，還能取得所需之資源與經驗。

業師，應帶領團隊思考企業未來發展策略

在撰寫本書初稿後，因為剛好完成「第三屆青年公益實踐計畫業師」輔導，同時也看了一齣與新創事業有關的熱門韓劇，劇中提到新創團隊與業師之間的互動，讓我對於「業師」的角色心有所感。

顧名思義，業師就是在產業有實際經驗，或對產業熟悉的老師，針對新創團隊經營予以輔導及提供建議。業師與學校老師之間最大的差別，在於學校老師的任務是傳道、授業、解惑、重視對學生的長期影響；而業師對新創團隊的影響必須是及時的，畢竟現實的商場如戰

場，一刻也馬虎、拖延不得。

這也是為什麼，我們常會看到有些業師對新創團隊的要求非常嚴厲，有時候甚至會不留情面地批評。因為大部分盡責任的業師，總希望能對團隊傾囊相授，認為必須以非常直接的方式與團隊互動，將所有可能會發生的情境，事先告知創業團隊，以免犯錯、走冤枉路。

雖然我不建議業師老是以激烈的方式與團隊互動，但我也提醒新創團隊要理解業師的角色，不要期待業師能像學校老師那樣諄諄教誨。

在業師與新創團隊互動過程中，我認為雙方皆應需注意一些原則，才能讓業師與團隊的組合效益極大化。

首先，業師要清楚自己的角色定位，是輔佐員（Facilitators），而非領航員。新創團隊的發展方向，應該由新創團隊自己決定，而不是業師主導或引領。

別忘了，創業者是創辦人與他的團隊，而非業師。我們在實際個案中常會發現，有些持有新創公司股權的創投，會積極主導新創公司的發展方向與方式。有些創業初期的業師，雖然不一定與新創團隊有股權關係，卻會強烈指引團隊應該如何進行。

然而，雖然有時候這種方式能協助團隊走上正確的方向、帶來好結果，但也常會與經營團隊想要的方向衝突，最後反而讓新創事業走上搞砸之路，帶來適得其反的後果。我認為，積極主導不是業師應有的角色，身為業師，應該帶領團隊思考企業未來發展策略，以及面臨問題時找出解決方法。

其次，從新創團隊角度來看，除了要持開放胸襟與態度，面對業師們的各種建議與意見外，其實，創辦人與團隊更要清楚並適度堅守自身企業發展之方向。從過去許多案例來看，有些團隊因為經驗不足，在創業過程中接受不同的業師指導，會陸續帶入不同的建議，經過幾手不同業師的建議後，除了造成公司發展方向混淆不清外，有時還會迷失於核心發展方向。更不用說，如果遇到不適任的業師指引，通常會帶著團隊前往與初始競爭優勢完全不同的方向。因此，團隊與創辦人，在業師指導建議的議題上，必須維持有點彈性、但又不能太偏離核心的心態與業師互動，這需要極高智慧與高藝術的心智。

我也一直提醒自己，身為業師的我，只是某個新創團隊成長發展歷程中的一部分。我要感謝所有曾經讓我參與之新創團隊，感謝他們讓我成為他們的一部分，我亦以參與過這些歷程為榮！

謝謝曾經搞砸的貴人們

書中提出的處方，大多是針對新創事業在存活期與成功期，所可能面對的常見困惑。因為我發現，對於台灣新創事業在存活期所遭遇的實際問題，坊間的相關論述較少。在這種情況下，許多新創事業的創辦人往往只能四處打聽，或是摸著石頭過河，往往都是在搞砸了之後，才悔不當初，但為時已晚。

寫這本書的心念之一，就是希望能填補這個空缺，提醒新創事業在策略與組織管理上應注意的關鍵。

至於已經邁入成功期與永續期的企業，該注意哪些關鍵才能避免搞砸，我認為現有的企業管理教育，可以扮演重要的輔助角色。若有興趣進一步瞭解新創事業在不同階段的策略發展重心與經營之道，可以找尋合適的企業管理教育機構進修學習。我認為創業家成長到一定的水平之後，要鍛鍊的是內功心法的能力，回到校園接受企業管理教育是不錯的選擇。

我過去的研究與執教，一直都在企業管理領域，尤以策略管理與組織管理等相關議題為主，研究對象大多是事業經營稍具規模的中小企業與大企業。我一直希望提出一套架構，來探討新創企業早期的策略發展與組織管理等相關議題。終於，在此次與 Impact Hub Taipei 的《搞砸無畏》寫作計畫中，得以實現這個心願。

非常感謝 Impact Hub Taipei 與本書所提到的所有創業案例，誠如本書自序所述，失敗的故事遠比成功的故事更有值得學習之處。在我們完成這本書的當下，這群曾經搞砸的創業家，有人已經成功地東山再起，有人仍在商場上繼續「無畏」地奮戰。

我們要特別感謝每一位曾在「搞砸之夜」分享親身經驗的創業家，你們都是成就這本書的貴人。

致謝

Impact Hub Taipei

正視搞砸，讓我們一起勇往直前

二〇一五年八月一日，Impact Hub Taipei 在台灣正式落地生根。

五年來，我們從無到有，有開心的時刻、難過的時刻、失望的時刻、感動的時刻，當然有更多搞砸的時刻。

五年來，我們跨越了死亡之谷，小有成果，正進入快速成長的階段。然而一路上，我們總在思考和檢視，Impact Hub Taipei 的存在，究竟能帶給世界什麼正向改變？創造什麼影響力？

因此，我們引進了 Fuckup Nights（搞砸之夜）活動，我們期待透過分享失敗故事的運動，鼓勵更多在創業路上的夥伴，希望幫助創業的朋友們能在正視失敗後，理解失敗的原因、重新修正，再繼續勇往直前。

完成這本書時，Impact Hub Taipei 策展團隊已經在台灣各地舉辦了四十場活動，邀請超過一百三十位講者，超過兩千五百位來賓共襄盛舉。在此，我們要特別感謝前來分享的講者們，感謝大家願意分享創業歷程，讓參與的朋友們可以身歷其境，體會創業過程的困難與艱辛。

我們也要感謝打從一開始就支持我們舉辦搞砸之夜的「RC文化藝術基金會」王俊凱執行長。回到當時，台灣企業界基本上仍是「成功學」掛帥，很少關注「失敗」，但王執行長仍願意支持我們舉辦一個關注「搞砸」的另類活動，讓我們深深感激在心。我們更要感謝願意在極短時間內，為這本書撰寫推薦序與推薦語的前輩們，謝謝大家這麼相挺，讓這本書的內容更加豐富。

最後，我們更要感謝國立政治大學EMBA執行長黃國峯教授，謝謝老師願意擔任主筆，將他於新創領域研究與分析的寶貴成果，結合「搞砸之夜」的真實案例，完成這本獻給創業與經營者的寶典。謝謝老師的大力相挺，這份恩情，我們一輩子都會記得的。

這是我們出版的第一本關於搞砸的書籍，我們會繼續努力，讓這股正視失敗的運動可以持續深耕，讓台灣創業者可以在不畏懼失敗下，創造更多新的創意與可能。

Dare to Fail !

Impact Hub Taipei 共同創辦人

陳昱築（Rich Chen）／張士庭（Oliver Chang）

國家圖書館出版品預行編目（CIP）資料

搞砸無畏：失敗中創造改變的 30 個處方 = Dare to fall : 30 tips towards success / 黃國峯, impact Hub Taipei 著. -- 初版. -- [臺北市]：早安財經文化有限公司, 2021.02
面； 公分. -- (早安財經講堂；94)
ISBN 978-986-99329-2-9 (平裝)

1. 創業 2. 企業經營 3. 組織管理

494.1 110000225

早安財經講堂 94

搞砸無畏

失敗中創造改變的 30 個處方

Dare to Fail: 30 Tips Towards Success

作　　者：黃國峯、Impact Hub Taipei
封面設計：徐睿紳
特約編輯：李秋絨、沈博思
行銷企畫：楊佩珍、游荏涵

發 行 人：沈雲聰
發行人特助：戴志靜、黃靜怡
出版發行：早安財經文化有限公司
電話：(02) 2368-6840　傳真：(02) 2368-7115
早安財經網站：www.goodmorningnet.com
早安財經粉絲專頁：www.facebook.com/gmpress

郵撥帳號：19708033　戶名：早安財經文化有限公司
讀者服務專線：(02)2368-6840　服務時間：週一至週五 10:00~18:00
24 小時傳真服務：(02)2368-7115
讀者服務信箱：service@morningnet.com.tw

總 經 銷：大和書報圖書股份有限公司
電話：(02)8990-2588
製版印刷：漾格科技股份有限公司
初版 5 刷：2021 年 2 月

定　　價：430 元
I S B N：978-986-99329-2-9（平裝）